KB102540

수학이 필요한 순간

인간은 얼마나 깊게 생각할 수 있는가

수학이 필요한 순간

Facing the mirror of mathematics

김민형 지음

| 추 | 천 | 의 | 말

수학은 우주의 언어다. 언젠가 우리가 지적인 외계인을 만나면 결국 수학의 언어로 대화할 것이다. 직관을 설명 가능한 구조로 만들어주는 가장 탁월한 방법론이 바로 수학적 사고이기 때문이다. 수학이 필요한 시간이 따로 있을까? 학문의 궁극적 목표가 우주와 인간의 관계를 밝히는 것이라면 수학이 필요 없는 시간이란 없다. 만일 내가 까까머리 고등학생 때 이 책을 읽을 수 있었다면 '수포자'가 되지 않았을 텐데.

_최재천(생물학자, 이화여대 석좌교수)

우리 세대 최고의 수학자 김민형. 문학과 음악을 사랑하는 그는 생물학과 뇌과학, 물리학의 초끈 이론에 대해서도 해박하며 난상토론을 즐긴다. 이 책은 한때 당대의 지성들이 독점했던 난해한 학문 영역도 시간이 흘러 문명에 녹아들면서 누구나 아는 상식의 영역으로 바뀌곤 했음을 상기시켜준다. 지금 우리에게 다소 어려운 문제들도 수학적인 이해력을 바탕으로 언젠가는 상식이 될 것이라고. 이 책은 빠른 변화의 시대를 살아가는 당신을 깊은 생각의 세계로 인도할 것이다.

_박형주(수학자, 아주대 석좌교수)

중학생 때 《코스모스》를 읽고 천문학자가 되고 싶었지만, 수학 실력이 걸림돌이었다. 수학 문제는 풀어도 수학을 이해하지는 못했던 것 같다. 한 세월이 지나서 수학이 어떤 것인지 비로소 느끼게 해주는 책과 만났다. 수학을 사랑하게 되었다고는 말하지 못하겠다. 하지만 수학을 다시 보게 되었다. 수학을 눈앞에 마주하게 되었다.

_이현우('로쟈의 저공비행' 서평가, 한림대 연구교수)

이 책은 수학이 우리의 삶에 어떻게 녹아들어 왔는지를 대화 형식으로 구성하여 지루함 없이 쉽고 자연스럽게 설명해주는 책이다. 이 책은 수학을 중심으로 과학과 공학 그리고 인문학적 영역까지 매우 넓은 분야를 다루고 있으며, 그 수준과 깊이 또한 직관적인 영역부터 형이상학적인 영역까지 걸쳐 있다. 오늘날 융합적인 사고를 갖추어야 하는 이들에게 매우 의미 있는 책이라고 생각된다.

_권대용(고려대 영재교육원 융합분과위원)

이 책은 이렇게 말한다. '직관에 의존해도 세상을 무난하게 살아갈 수 있다, 그러나 직관에 약간의 수학적 사고를 첨가하면 물리적 세계의 아름다운 속성이 드러나고, 우리의 삶은 더욱 풍요로워진다.'

_박병철(과학 전문 번역가 및 저술가)

지|은|이|의|말

수학자 중에서 수학에 대해 생각하기 좋아하는 사람은 많지 않다. 이 말이 좀 이상해 보일 것이다. 수학을 하는 것과 수학에 대해서 생각하는 것은 다르다는 뜻이다. 이 차이는 예술가와 비평가의 차이, 과학자와 과학철학자의 차이, 그리고 새와 조류학자의 차이 등과 비교할 수 있다. 간단하게 분류하자면, 활동적으로 깊이 있는 수학을 연구하는 사람은 수학에 대해서 생각하기도 싫어하고 이야기하기는 더더욱 싫어한다. 대표적인 예로 나의 저명한 옥스퍼드 동료, 수학자 앤드류 와일즈Andrew Wiles는 수학이 이렇고 저렇고 어쩌구 저쩌구 하는 말은 질색이라는 인상이다. 이런 태도는 물리학 이론, 특히 양자역학의 해석을 두고 복잡하고 끝없는 담론이 펼쳐지는 데 대해, 여느 물리학자가 못을 박으며 심각하게 비판하는 말에도 잘 나타난다. "입 다물고 계산이나 해!"

나 자신은 일생 동안 일종의 아마추어 수학자로 살아왔다는 느낌이다. 나는 거의 항상 수학을 하는 것보다 수학에 대해서 생각하는 것을 더 즐겼던 것 같다. 그렇다고 '수학 철학자'가 되고 싶었던 것은 전혀 아니다. 그저 살아남을 만큼 수학을 하고 학생들을 가르치고 여가 시간에 수학에 대해서 생각하는 것이 제일 적격인 것 같다. 그 때문에 나는 수학에 대해서 이야기하는 것을 더욱 좋아한다. 그 와중에 무언가 창출되는 것이 있으면 그래도 나은데, 말만 하는 것은 이득을 줄 만한 학문적인 업적은 당연히 못 되고 뚜렷하게 남는 것이 없다는 것이 문제다.

그래서 2016년 말에 인플루엔셜의 김보경과 정다이 두 분이 찾아와 나의 이야기를 글로 옮겨주겠다는 제의를 했을 때 굉장히 고맙게 받아들였다. 여러 시간에 걸쳐 대화를 나누면서 수학을 이해하려고 노력하고, 자상하게 나의 횡설수설을 정정해주신 두 분의 참을성은 참으로 놀라웠다. 이 책에 무어라도 읽을 만한 부분이 있다면 99%는 김보경과 정다이의 덕이다.

그동안 다른 유치한 책을 몇 권 썼고 여기저기 잡지나 논문에 쓴 글들이 있었는데 정확히 무엇이었는지 기억하기 어렵다. 그래서 알게 모르게 재활용된 내용이 있을 것이다. (가령 구체적으로는 조선일보에 쓴 칼럼 하나에서 발췌된 부분이 있다.) 이 점에 대해서는 독자에게 미리 양해를 구한다. 그러나 핑계가 없는 것은 아니다. 나는 일생 동안 별 수 없이 이야기 하나를 반복하고 있다. 저자와 독자의 시간을 모두 낭비하는 이 과정이 결국은 다시 할 때마다 이야기가 조금씩 명료해질 거라는 비현실적인 기대 때문에 일어난다. 이 책의 경우는 나의 허영심 탓만은 아니고 내 이야기가 재미있다고 자꾸 부추겨주신 인플루엔셜 두 분의 잘못도 크다.

그 외에도 잘못한 사람들이 꽤 있다. 누구보다도 나를 잘못 교육시키신 부모님, 나의 무책임을 보조해주는 아내, 그리고 나의 잘못된 교육을 받아주는 아들들이 특히 탓할 만하다. 나의 말도 안 되는 질문과 대화를 너그럽게 허용하는 머튼칼리지의 동료들도 비판받아 마땅하다. 특히 물리학자 알렉스 셰코치힌Alex Schekochihin과 앨런 바르Alan Barr, 논리학자 보리스 질버Boris Zilber와 우디 흐루쇼브스키Udi

Hrushovski, 철학자 랄프 바더Ralf Bader와 사이먼 서언더스 Simon Saunders, 고전학자 토머스 필립스Thomas Philips와 가이 웨스트우드Guy Westwood, 경제학자 비제이 조쉬Vijay Joshi, 변호사 샘 에이디노우Sam Eidinow, 그리고 영문학자 리처드 맥케이브Richard McCabe와 윌 바워스Will Bowers는 이 책에 나오는 헛소리를 다양한 각도에서 너무 여러 번 허용해주었기에 나와 독자의 질책을 감수해야만 한다. 그러나 내가 수학에 대해서 이야기할 때마다 무섭게 비판하고 기를 죽여준 예일대학교의 오희 교수에게는 감사한다.

책을 열자마자 서문을 읽어야 하는 의무는 나도 항상 지겹기 때문에 다시 한 번 독자에게 사과하며 이만 줄인다.

2018년 7월 16일

김민형

차 | 례

방법들은 다 틀린 걸까요? 완벽하지 못하다고 해서 포기하기보다는 제한적인 조건에서 이해하는 것이 수학적으로 중요합니다.

19세기 청혼 문화를 알고 있지요? 남녀가 청혼, 약혼, 파혼, 결혼이라는 단계를 거치면서 짝을 찾는 겁니다. 만약 남녀 각각 100명이 짝을 지을 때 안정적인 답이 있을까요? '좋아하는 마음은 복잡해도 답은 항상 있습니다.' 답이 있다는 걸 수학은 도대체 어떻게 증명할까요.

우주가 휘어져 있다고 합시다. 이를 말로 표현할 수는 있어도 정확하게 알기는 어렵습니다. 내면 기하라는 개념이 없이는 우주가 휘어졌다는 주장을 하기 불가능합니다. 상상할 수 없는 것을 상상하는 것은 어떻게 가능하게 될까요.

수학은 발전했습니다. 여느 학문과 마찬가지로 말입니다. 이전에도 계속 발전해왔습니다. 수학의 발전은 꾸준히 인류 문화유산의 일부가 되고 있습니다. 수학이 문화유산이라는 말이 낯선가요? 이는 수학이 역사적인 과정을 밟아왔다는 의미입니다.

예를 들어 기초 산수인 덧셈, 곱셈, 뺄셈, 나눗셈은 고대에는 전문가들의 영역이었습니다. 그러나 지금은 읽기 능력보다 훨씬 더 보편적인 능력이 되었지요. 이렇게 되기까지 매우 오랜 시간이 걸렸습니다. 오늘날 누구나 알고 있는 확률 이론은 17세기에 시작되었습니다. 처음에는 비전문가들이 이해하기 어려운 개념이었지요. 하지만 이제 사람들은 휴대전화에서 '37%의 비 올 확률'을 읽고, 이를 이해하는 데 전혀 무리가 없습니다.

수학의 발전은 거의 모든 영역과 연결되어 있습니다. 미적분학은 약 400년 전 태양 주위의 행성과 지구 주위의 달의 움직임을 설명하기 위해 발명되었습니다. 오늘날 미적분학은 물리학, 경제학, 생물학, 공학의 모든 측면에서 사용되고 있습니다. 최근에는 기계 학습과 인공지능의 최적화 알고리즘에서 중요한 역할을 합니다.

예를 들어 대수 이론은 19세기에 자리를 잡기까지 수세기 동안 다양한 형태로 연구되어왔습니다. 지금은 인터넷에서 사용되는 어떤 검색 시스템도, 정보 전송도 이 대수 이론 없이는 가능하지 않습니다. 이처럼 역사적인 흐름 속에서 중요한 수학 이론은 점점 일반인들의 상식이 되어왔습니다. 우리 시대에는 이런 경향이 점점 더 심화되고 가속화되고 있습니다. 현재 대학에서 배우고 있는 수학, 특히 확률 이론, 정수론, 기하학의 많은 내용을 머지않아 초등학교에서도 가르치게 될 것입니다.

특히 컴퓨터와 관련된 기술은 수학의 영향을 많이 받았습니다. 수학은 기술의 발전에 큰 영향을 미쳤습니다. 컴퓨터의 발명 이후 수학과 컴퓨터 과학은 풍부하고 효과적인 상호 작용을 해왔습니다. 때로는 이론이 이끌고 때로는 기계의 실용성이 앞서가기도 했습니다. 가장 최근에 발현된 것은 인공지능의 영역입니다. 이 영역은 이론가들의 이해보다 실제 적용이 훨씬 더 빠른 속도로 발전하고 있습니다.

컴퓨터의 능력은 수학 이론의 발전과 밀접한 관련이 있습니다. 많은 이론가들이 컴퓨터로 순수한 수학 실험을 합니다. '버치-스위너턴다이어 추측Birch and Swinnerton-Dyer conjecture'[1]이나 '리만 가설'과 같은 유명한 수학적 문제들은 수많은 컴퓨터 실험으로 뒷받침됩니다.

아마도 더 놀라운 것은 기술 발전이 인간의 근본적인 직관, 자연스럽게 이루어지는 개념화 과정에 영향을 미치는 방식일 것입니다. 예를 들어 미해결로 남아 있는 질문들이 있

---

1) 수학의 주요 미해결 문제의 하나이다. 수체 상의 타원곡선 E의 점들이 이루는 아벨 군의 계수와 그 하세-베유 L-함수 L(E, s)의 s = 1에서 갖는 근의 차수가 같다는 추측이다. 1965년에 브라이언 버치Bryan Birch와 피터 스위너턴다이어Peter Swinnerton-Dyer가 케임브리지 대학 에드삭컴퓨터의 수치적 데이터를 바탕으로 이 추측을 발표하였다. 클레이 수학연구소는 버치-스위너턴다이어 추측을 7개의 밀레니엄 문제 중 하나로 선정하고, 그 증명에 대해 100만 달러의 상금을 걸었다.

습니다. 우리의 현실에 대한 매우 중요한 질문들이죠. '공간과 시간은 무엇으로 만들어졌는가?'와 같은 질문들이 이런 것들입니다. 이런 질문들에 우리가 갖게 되는 직관적인 사고도 기술의 발전에 많은 영향을 받습니다.

고대 그리스의 소크라테스 이전 시대부터 사람들은 자연의 구성 요소block를 연구하고 발견해왔습니다. 그리스인들은 이를 '원자'라고 불렀습니다. 20세기에는 이 원자들이 쿼크와 렙톤으로 이루어져 있음을 발견했습니다. 빛 또한 광자로 만들어진 것으로 밝혀졌고, W-입자, Z-입자, 글루온 등 물질 입자 사이에 입자를 발견하게 되었습니다. 이러한 흥미로운 발견들이 이뤄지는 동안에도 우주와 시간의 구성 요소를 발견하는 엄청나게 어렵고 수수께끼 같은 임무가 남아 있었습니다. 공간과 시간 그 자체 말입니다. 공간과 시간은 가장 중요하면서도 발견하기 어려운 실존의 뼈대입니다. 인간의 모든 질문에 저항하는, 자연의 가장 수수께끼 같은 부분이죠.

이 문제를 생각하려면, 공간과 시간이 '불연속적일' 가능성을 고려하지 않을 수 없습니다. 즉, 작고 분리된 개체가 결합하여 우리가 인식하는 공간과 시간의 매끄러운 외관이 형성된다는 가능성을 허용해야 합니다. 그러한 가능성을 100년 전에 과학자들은 상상할 수 없었습니다.

그러나 우리 시대에 일어난 시각 기술의 진보는 이런 시나리오를 꽤 자연스러운 것으로 만들어줍니다. 이는 매우 놀라운 일입니다. 이제 사람들은 심지어 학생들도 컴퓨터 모니터에 보이는 연속된 이미지가 각각 분리된 수많은 스틸 컷과 유사한 픽셀이 조합되어 만들어진 환영이라는 것을 알고 있습니다.

이런 식으로 기술의 발전이 인간의 사고에 주입되면 이는 다시 지능적으로 정교한 이론에 필요한 직관을 키워줍니다. 현대 물리학의 발전 덕에 우리는 더 이상 공간이 어떤 균일한 물질로 가득 채워져 있다는 생각을 하지 않습니다. 공간의 기본적인 구성 요소를 '공간 양자'라 합니다. 그런데 이 개념을 이해하기는 쉽지 않습니다. '공간 양자'의 진정한 본성을 이해하기 위해서는 완전히 새로운 종류의 수학이 필요할 가능성이 큽니다.

이렇게 추상적 구조와 자연 현상, 강력한 기계 장치의

구성과 작용에 대한 사고는 계속해서 심화되고 있습니다. 이 과정에서 깊은 수학적 이해력이 필요합니다. 이런 말이 있습니다.

> "양자역학은 어느 정도까지는 순전히 정성적인 수준에서 이해할 수 있다. 그러나 수학이 있어야만 그 아름다움에 또렷한 초점을 맞출 수 있다."[2)]

지금 우리에게 다소 어려운 문제들도 언젠가는 상식이 될 것입니다. 오늘날 인간이 가지고 있는 지능과 상상력에 어떤 차이가 있다면, 그것은 수학적인 이해력의 차이 때문일 것입니다. 반대로 어떤 새로운 사고가 상식이 되는 과정도 수학적인 이해력을 바탕으로 가능하게 될 것입니다. 그렇다면 수학적인 이해력은 무엇일까요?

이 책은 바로 그 질문을 탐구하는 과정입니다. 우리에게 '수학은 무엇인가'라는 그 어려운 질문에 대한 실마리를 찾

---

2) 레너드 서스킨드·아트 프리드먼 지음, 이종필 옮김, 《물리의 정석The Theoretical Minimum: Quantum Mechanics》, 사이언스북스, 2017.

기 위한 여행입니다. 이 책은 강의를 하면서 함께 대화를 나누는 방식으로 되어 있습니다. 대화는 생각이 서로 다른 이들이 만나는 방법입니다. 때문에 대화 형식으로 정리한 것은 각자 사고하는 방식이 다르고, 이해하는 정도가 다른 이들이 어떻게 함께 여행할 수 있는지를 보여주기 위해서입니다. 아마 이 책을 읽는 독자들이 갖고 있는 생각의 위치도 매우 다르리라 생각합니다. 하지만 하나의 길 위에서 서 있는 지점이 다르다 해도, 그 길은 같은 길이고, 같은 목적지를 향하고 있습니다. 여러분에게 이 여행이 각자의 방식으로 즐겁기를 바랍니다.

1강

수학은 무엇인가

수학은 무엇인가요?

막상 그렇게 질문하니 잘 모르겠습니다. 세상을 이해하기 위한 질서나 체계를 만드는 학문인가요?

이렇게 물으면 답하기 어렵죠. 'X란 무엇이냐?'라는 형식의 질문은 항상 어렵습니다. 수학이 질서나 체계와 관련이 높아 보이긴 합니다. 그러나 수학만 그런 건 아닙니다. 모든 학문이 질서와 체계를 규명하려고 합니다.

수학이라는 말 뒤에는 항상 '문제'라는 말이 붙어 옵니다. 그래서 보통 사람들은 수학을 답을 찾는 과정이라고 생각하는 듯합니다. 문제가 있고, 답이 있고, 수학은 그 답을 논리적으로 풀어내는 과정이라고요.

질문이 있고 답이 있는 건 웬만한 학문이 다 그렇습니다. 물리학을 봅시다. 가령 원자는 어떻게 형성되는가? 전자기장은 어떻게 진화하는가? 우주는 어떻게 팽창하는가? 이런 게 다 질문입니다. 이 문제를 풀기 위해서 일종의 방법론을 가지고 답을 찾아나갑니다. 경제학도 그렇습니다. 경제적 평형은 어떻게 이루어지는가? 경제를 안정시키려면 정부 자금을 어느 정도 투입해야 되는가? 이런 것들이 모두 질문이고, 거기에 대한 답을 찾기 위한 과정이 있습니다. 정치학에도 질문이 있죠. 가장 중심적인 질문은 이런 거겠죠? 안정적인 사회는 어떻게 이룰 수 있는가? 어떤 정치 체제가 사회 발전을 가져오는가? 이런 굵직한 질문들이 있고, 이 굵직한 질문들을 염두에 두고 또 훨씬 작은 질문들이 있습니다.

제가 하고 싶은 말은 이겁니다. 앞에서 '수학을 논리적인 풀이 과정'이라고 이야기했는데, 어쩌면 그게 수학에 대한 편견일 수 있다는 겁니다.

철학자들, 특히 버트런드 러셀Bertrand Russell 학파의 전통을 이어받은 학자들 가운데 '수학은 논리학이다'라는 관점을 굉장히 강하게 표명하는 사람들이 있습니다. 그런데 수학이 논리학이라는 관점은 두 가지 측면에서 완전히 틀렸습니다.

첫째, '수학은 논리학만은 아니다'라는 사실입니다. 논리라는 건 어떤 실체로부터 나오는 것입니다. 논리만으로 실체를 만들 수 없습니다. 순전히 논리적인 개념으로부터 수학을 만들어간다는 생각은 그릇된 관점입니다. 논리적이지 않은 수학도 있거든요.

수학을 논리로 정리하기 전까지 많은 단계가 있습니다. 굉장히 많은 사례, 구체적인 사례를 정리하는 과정에서 논리가 필요한 것이지, 처음부터 논리에서 수학을 만들어가는 게 아니라는 반론을 할 수 있죠.

두 번째 측면은 무엇인가요?

둘째, 수학만이 논리를 사용하는 학문은 아니라는 겁니

다. 물론 수학에서는 당연히 논리를 많이 씁니다. 그런데 수학에서 논리를 사용하는 것은 다른 어떤 학문들에서 논리를 쓰는 것과 별 차이가 없습니다. 생각해볼까요? 논리를 사용하지 않는 학문이 있나요? 없습니다. 사실 학문까지 안 가더라도 우리는 보통 '이게 맞다, 틀리다', '어떤 주장이 합당하다, 아니다', 'A로부터 B가 따른다' 이런 판단을 내리지요. 일상생활에서 사용하는 사고와 언어를 보면, 그것이 아주 명료한 명제는 아니더라도 암시적으로 논리를 내포하고 있습니다.

만약 인간에게 이런 사고가 없다면, 무언가를 가리키거나 소통하는 것 자체가 불가능합니다. 그런데 러셀을 비롯한 철학자들은 수학적인 논리를 이러한 일상적인 논리와 다른 종류의 것으로 착각한 것입니다.

그러나 수학에서의 논리는 일상 언어가 갖고 있는 논리와 달리 매우 엄밀하지 않습니까. 그런 엄밀함이 차이는 아닐까요?

수학에서 논리를 전개할 때 보통의 경우보다 더 엄밀하게 전개하는 건 사실입니다. 그렇지만 일상생활에도 더 좋은 논리와 더 나쁜 논리가 확실히 있죠. 물론 좋은 논리를 점점 정화시켜가는 과정이 보통의 경우보다 수학에서 더 많습니다. 그렇지만 그게 정성적으로 볼 때 전혀 다른 논리는 아닙니다. 제가 대학에서 가르치는 수학 전공생들도 '어떤 종류의 그릇된 개념'을 고쳐줘야 하는 경우가 굉장히 많습니다.

수학이 복잡한 증명이나 어려운 논리라고 하는 개념인가요?

비슷합니다. 가령 수학적인 증명이 무엇이냐고 물어보면, 그것이 무슨 특별한 사고라고 생각하는 학생들이 많습니다. 수학적인 증명을 하려면 어떤 특별한 기술을 배워야 한다고 여깁니다. 증명은 그냥 명료하게 설명하는 것입니다. 학생들에게 이를 설득하는 데 시간이 많이 걸립니다. 물론 논리를 더 잘하고 못하고의 차이는 있겠지만요.

그런데 수학적 논리가 정성적으로 '올바른 사고'와 다

를 바 없다는 착상은 수학자들 사이에서도 싫어하는 사람들이 꽤 있습니다. 수학의 확실성에 대한 집착 때문이지요. 수학적 증명은 한 번 해놓으면 영원불멸할 것으로 여기는 겁니다. 그야말로 환상입니다. 수학적 전통과 언어가 다른 학문에 비해 상대적으로 명료한 논리를 전개할 수 있는 여건을 마련해놓은 건 사실입니다. 하지만 인간이 하는 작업이 완벽하고 영원불멸하기를 기대하는 것 자체가 무리 아닐까요?

하지만 우리가 '수학적'이라고 표현할 때 떠오르는 구체적인 과정이 있습니다. 가장 대표적으로 '수학은 수를 계산하는 것'이라고 하는 생각입니다. 이 때문에 수학은 '수'를 사용한 특별한 사고와 과정처럼 여겨집니다.

제 느낌으로는 수학적 사고란 구체적인 예를 통해서 궁극적으로는 전체적인 틀이 형성되어가는 겁니다. 특정한 틀을 정해놓고 공부를 하는 것이 아니라, 똑같은 질문에도 답을 찾아나가는 과정은 꽤 여러 가지가 될 수 있습니다.

말한 대로, 질문을 찾아가는 과정 중에서 수학적 과정이라는 건 뭔가 있는 것 같습니다. 자꾸 보다 보면 이런저런 과정 사이에 어떤 공통점이 보이고, 그러면서 어떤 분야가 형성되는 것 같기도 하고. 그러고 나면 어떤 때는 질문에 부딪혔을 때 '그럼 이런 수학적 방법론으로 해보자' 하는 관점을 가질 수도 있죠. 학문의 분야란 연역적으로 형성되는데, 그중에서도 수학은 상당히 오래된 분야입니다. 그래서 수학적 방법론을 적용해보자는 아이디어는 수학 그 자체를 떠나 수많은 학문 분야로 번져나갔습니다. 심지어 문학 연구를 할 때도 수학적 방법론을 사용하기도 합니다.

여러 의미가 있겠지만, 많은 사람이 공통으로 합의하는 수학에 대한 정의는 있을 것 같습니다.

위키피디아를 찾아볼까요. 수학에 대한 설명이 이렇게 나오네요.

수학數學은 양, 구조, 공간, 변화 등의 개념을 다루는 학문이다. 현대 수학은 형식 논리를 이용해서 공리로 구성된 추상적 구조를 연구하는 학문으로 여겨지기도 한다. 수학은 그 구조와 발전 과정에서는 자연과학에 속하는 물리학을 비롯한 다른 학문들과 깊은 연관을 맺고 있다. 하지만 여느 과학의 분야들과는 달리, 자연계에서 관측되지 않는 개념들에 대해서까지 이론을 일반화 및 추상화시킬 수 있다는 차이가 있다. 수학자들은 그러한 개념들에 대해 추측하고, 적절하게 선택된 정의와 공리로부터의 엄밀한 연역을 통해서 추측들의 진위를 파악한다.

전체적으로 나쁘지 않은 설명입니다만, 딱 한 가지 꼬집어서 어느 부분이 잘못됐는지 아시겠어요?

'자연계에서 관측하지 않은 개념들까지 다룬다'라는 부분인가요?

그렇습니다. 수학뿐 아니라 어떤 현상을 공부할 때는 '이론'이 만들어지기 마련입니다. 그리고 학문의 이론적인 영역에서는 직접 관측이 되지 않는 구조를 많이 생각하게 되지요.

예를 들자면 물리학에서 다루는 소립자 중에 쿼크는 거의 순수 수학적으로밖에 이해하기 어려운 입자입니다. 입자물리가 '대칭성'을 많이 이용한다는 이야기는 들어보셨을 겁니다. 그런데 대칭성은 세상에 있는 건가요, 아니면 인간이 상상하는 건가요? 여기에 대해서는 철학자들의 의견도 꽤 갈리는 것 같습니다. 일반적으로 자연계에 어떤 개체가 '있다'는 것이 무슨 뜻인지 학문을 깊이 할수록 단언하기 어려워집니다. 순진한 관점에서는 눈으로 보고 손으로 만질 수 있는 것이 '세상에 있는 것'이라고 말하겠지만 학문적 이론에서 다루는 개념 중에 그런 것은 많지 않습니다. 자, '전자'는 볼 수 있나요, 만질 수 있나요? '경제적 평형'은 실제로 세상에 있는 건가요? 그 역시 수학적이고 추상적인 개념임에도 경제학 논문의 대다수가 평형을 찾는 문제를 다루고, 평형의 성질을 이해하는 것이 사회적으로 중요하다고 생각합니다. 또,'문학'이라는 것은 무엇이지요? 더 크게는 '문화'라는 것은 실재하나요? 아니면 사람들이 만든 상상의 개체인가요? 모두 상당히 추상적인 면이 강합니다.

간혹 과학자가 수학자인지, 수학자가 과학자인지 헷갈릴 때가 있습니다. 선생님만 해도 수학자인데, 양자역학 등에 대한 이야기를 자주 하시잖아요. 둘의 차이는 무엇인가요?

현대적인 의미의 과학 중에 수학이 가장 오래되었다고 보는 것이 좋을 것 같습니다. 섬세한 과학적 사고의 시작은 원주율의 계산법, 각종 기하학적 구조들의 상호관계, 수체계의 정밀한 성질 등을 발견하면서부터 가능하지 않았을까요? 고대의 아르키메데스 같은 학자는 물의 부력을 계산하는 물리학적 탐구나 전쟁에서 사용할 만한 기계를 발명하는 데 이런 종류의 수학을 적용하기도 했지요. 아마도 바빌로니아 문명과 이집트 문명에서도 수학의 응용이 상당히 활발했던 것 같습니다. 그러다가 르네상스 시대에 과학이 체계화되면서 여러 과학의 기초를 수학적으로 쌓아야 할 것 같다는 생각도 생깁니다. 17세기 초에 갈릴레오는 이렇게 말합니다.

우리가 우주를 이해하기 위해서는 우주에 관해 쓰여 있는 언어

> 를 배우고 친숙해져야 하는데, 그 언어는 수학적인 언어다. 가령 언어의 글자들은 삼각형, 원, 기하학적인 모양 들일 수도 있다. 이런 언어가 없이 우리는 우주를 한 단어도 이해할 수 없다. 이런 것들을 모르고는, 이런 언어가 없다면 어두운 미로를 방황하는 것과 같다.[1]

갈릴레오 갈릴레이Galileo Galilei는 우주를 이해하는 것 자체가 수학적인 방법론으로만 가능하다고 생각했습니다. 그 이후로 이런 생각들이 많이 번져나갔죠.

예를 들면 생물학은 한동안 '분류학'에 가깝기도 했습니다. 이런저런 종류의 생물이 있고, 이를 이렇게 분류하고 저렇게 분류하고. 이런 게 생물학이었죠. 19세기 찰스 다윈 같은 학자를 영어로는 내추럴리스트Naturalist 라고 불렀습니다. 우리말로 하면 박물학자가 되겠군요. 이들은 자연을 분류하는 데 관심이 많았습니다. 그런데 다윈이 어느 때부턴가 자연의 분류보다 자연의 원리에 대해 의문을 가지고 탐구하기 시

---

1) Marcus du Sautoy, *A Brief History of Mathematics*, BBC AudiobookAmer, 2012.

작하면서 진화론 같은 이론이 구축되기 시작했죠. 그레고르 멘델은 조합론적인 사고를 이용해 유전을 설명했고 20세기로 넘어오면서 로널드 피셔, 수얼 라이트, J.B.S. 홀데인 등이 확률론을 이용한 체계적인 진화-유전론을 만들게 됩니다. 원리에 대한 욕망이 커지고 사고가 정밀해지면서 여러 학문이 수학적 방법론을 따르기 시작한 것입니다. 17세기의 갈릴레오는 우주에 대한 공부는 이제 전부 수학적으로 해야 한다고 했는데, 19세기를 거쳐 20세기로 넘어오면서 수학적으로 기술하지 않는 물리학은 오히려 찾아보기 어렵게 되었습니다.

20세기에 들어서 이렇게 변한 학문 중의 대표적인 예가 경제학이죠. 경제학도 사회학이자 정치학으로 시작했으나, 지금의 경제학 논문을 보면 거의 다 수학으로 가득 차 있습니다. 존 내시, 로버트 아우만, 로이드 섀플리 같은 수학자들이 노벨 경제학상을 받기도 했습니다. 20세기 경제학자 중에 가장 중요한 인물은 아마 존 메이너드 케인스겠지요? 그가 대학에서 수학을 전공했을 뿐 아니라, 가장 유명한 저서 중 하나가 제목이 '확률론'이라는 사실만으로도 그에게 있어 수학이 얼마나 중요했는지를 짐작할 수 있습니다.

'수학적인 방법론'을 쓴다는 것이 무엇인지 직관적으로는 알 것 같습니다. 여전히 수학이 무엇인가라는 질문에 답하기는 어렵지만 말입니다.

수학은 인문학과도 결합되어 있습니다. 한 예로 인류학자 클로드 레비스트로스Claude Levi-Strauss가 강조한 '구조주의'를 생각할 수 있습니다. 구조주의의 대부라 불리는 그는 구조적인 생각을 통해 인류 사회를 이해하고자 했죠. 그는 인간들이 사는 여러 사회를 분류하고, 각기 다른 사회임에도 불구하고 구조적인 유사성을 찾고자 했습니다. 이런 유사성 이론을 사회구조, 언어, 신화 등에 다양하게 적용했습니다. 1977년 캐나다 국영 라디오에서 방송된 강의록을 엮은 책《신화와 의미Myth and Meaning》는 구조주의의 개념과 응용을 쉽게 설명하고 있습니다. 구조주의의 측면에서 신화의 경우를 특히 강조하는 이 책은 우주에 대한 '신화적인 설명'을 과학적인 설명과 대조하기도 합니다. 간단히 말하자면 우리나라 신화와 그리스 신화, 미국 원주민 신화가 다 다른 것 같지만, 그 기본을 구조적으로 보면 비슷하다는 이야기입니다. 물론 구체적으로 살펴보면 더 복잡하고 다른 점이 있겠지만, 그럼에도 여러 다른 신화 사이에 구조적인 대응 관계를 찾을 수 있다는 주장입니다. 이 말을 지금 여러분은 직관적으로 이해할 수 있습니다.

이런 직관에 수학적인 사고가 숨어 있는 것을 알겠나요? 다양한 현상들의 유사성을 파악하려면 어느 정도 추상적인 사고가 필요합니다. 그런데 막연한 추상적 사고 이상으로 '구조'라는 개념의 의미를 명확하게 정의할 필요가 있습니다. 장 피아제Jean Piaget 같은 학자가 쓴 구조주의 입문서를 보면 무슨 이야기를 많이 할까요? 수학 이야기를 합니다. 구조가 무엇인지, 구조적으로 같다는 게 무엇인지를 설명하려면 수학적인 구조, 수체계, 군론 등에 대한 이해가 필요하기 때문입니다. 《신화와 의미》에 레비스트로스가 구조주의가 무엇인지 짧게 설명을 하는 이런 대목이 나옵니다.

"사람들이 가끔 이(구조주의)를 굉장히 새롭고 혁신적인 것이라고 생각할 때가 있는데, 이것은 사실은 이중오류다. 첫째, 인문학에서도 구조주의와 같은 것이 르네상스 때부터 굉장히 많았다. 이보다 핵심적인 오류는 언어학이나 인류학 같은 데서 구조주의라고 하는 방법론은 자연과학에서 옛날부터 하던 걸 그대로 가져왔다는 데 있다."

여기서 레비스트로스가 말하는 자연과학의 방식이 바로 수학적인 방법론을 말하는 거죠. 갈릴레오가 말했던, '수학적인 방법론으로 기술하는 것'과 같은 생각인 겁니다. 그렇게 보면 추상적인 개념적 도구를 사용해 세상을 체계적으로, 또 정밀하게 설명하려는 의도가 바로 수학이라고 할 수도 있겠습니다.

2강

역사를 바꾼 3가지 수학적 발견

지금 우리는 수학이란 무엇인가에 대한 개념을 잡아가고 있는 것 같습니다. 그리고 수학적 방법론으로 세상을 이해하는 법을 배워가고 있다고 느껴집니다. 그렇다면 이런 질문은 어떻습니까? "숱한 이론들 중에서 수학사에서 획기적인 전환을 이룬 이론들은 무엇일까?" 이런 질문에 답하다보면 오늘날 우리가 이미 상식처럼 갖고 있는 수학적 사고가 무엇인지 좀 더 구체적으로 드러나지 않을까요?

그 질문에 답하기 전에 한 가지 조심스러운 점이 있습니다. 수학은 시대별, 지역별로 여러 종류가 있습니다. 예를 들어 그리스 수학도 있고, 인도 수학도 있죠. 고대의 수학이 현재까지 이어지는 과정에서 아랍 수학도 영향을 주었습니다. 지금 우리가 시간 체제에 이용하는 60분, 60초 같은 개념은 모두 바빌로니아 수학에서 나왔습니다. 즉, 시대별로 다양한 문화권의 수학이 오늘날 우리 삶에 계속 영향을 미치고 있습니다. 이와 같은 수학의 오래된 역사 전체를 조망하는 건 어려운 일입니다. 어쩌면 수학자인 제가 역사학자보다 더 모를 수도 있습니다. 그래서 비교적 현대에 이루어진 수학적 발견에 한해서만 이야기를 해보겠습니다.

수학에서의 굉장히 중요한 발전이 이루어진 시기는 17세기 과학혁명의 시대였습니다. 이때 우리 인식의 여러 가지 전환들이 이루어졌죠. 앞서 설명한 것처럼 그 가운데 '과학의 수학화'에 속하는 현상과 발견이 많았습니다. 이 중 '페르마의 원리'가 대표적입니다.

페르마의 원리는 빛의 굴절에 대한 상당히 재미있는 원리입니다. 가령 물과 공기가 있고 물 밖에 A라는 점(사람의 눈)이 있고, 물속에 B라는 점(물에 잠긴 동전)이 있을 때, 그 두 개의 점을 잇는 빛은 어떤 경로를 따라 갈까요?

이미 우리는 그 답을 알고 있습니다. 공기 중의 빛은 물을 만나서 굴절하기 때문에 직선으로 가지 않고 휜다는 것입니다. 우리 눈에 보이는 동전이 있는 지점과 실제로 물속에 동전이 있는 지점이 다릅니다.

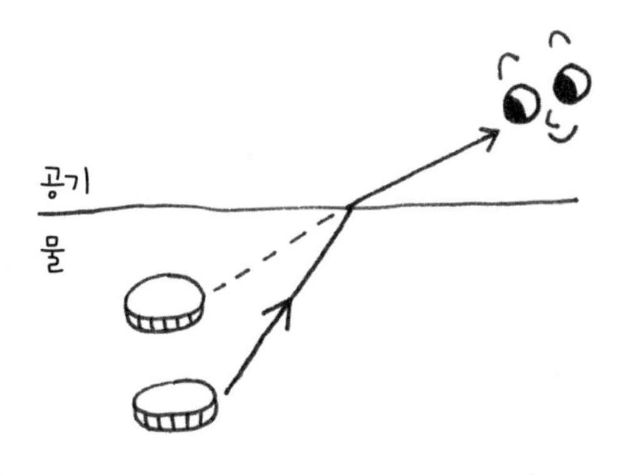

맞습니다. 물을 절반 정도 담은 유리컵에 담긴 빨대를 보면 빨대가 구부러진 듯 보이는 겁니다. 굴절되어 보이는 거죠. 만약 사람의 눈이 A지점에 있고 동전 같은 게 물속에 떨어져 B지점에 있다고 하면, A지점에서 보면 동전은 B지점이 아니라 마치 약간 더 위쪽에 놓인 것처럼 보입니다.

그 이유는 빛이 진행하는 중에 물에서 공기로 물질이 바꿔었기 때문입니다. 빛의 진행 방향이 동전에서 눈으로 똑바로 따라가는 것이 아니라, 물의 표면에서 진행 방향이 바뀐 것이지요. 그러나 물속의 동전을 보는 사람의 관점에서는 빛이 똑바로 전해져올 것이라는 가정을 계속하고 있기 때문에, 동전의 위치를 잘못 파악할 수밖에 없게 되는 거예요. 빛의 굴절 때문이죠.

이 문제를 설명한 것이 바로 '페르마의 첫 번째 원리' 입니다. 이 문제에 대해 당시 많은 사람이 궁금해했고, 왜 이런 일이 일어나는가에 대한 이론을 정립하려 많은 노력을 했습니다. 가령 우리에게 아주 잘 알려진 르네 데카르트René Decartes라는 철학자도 이 문제를 다뤘습니다. 그중 피에르 드 페르마Pierre de Fermat는 현대의 우리가 생각하기에도 설득력 있는 답을 제안했습니다. 빛이 어느 지점 사이를 이동할 때 가장 빠른 경로를 따라서 간다. 즉, "빛은 시간을 최소화하는 경로로 진행한다"는 것입니다.

흔히 '빛은 최단 경로로 간다'라고 말하는데, 그건 부정확한 표현이네요. 시간을 최소화하는 경로라고 말해야 하는 거네요.

그렇습니다. 그런데 왜 물속에서의 속도와 공기 속에서의 속도가 다르죠? 당연히 물이 더 '진하기' 때문이죠. '진하다'는 표현이 좀 이상하지만, 우리는 직관적으로 이해할 수 있습니다. 이 말은 빛이 공기를 통과할 때보다 물을 통과할 때 상호작용이 더 많다는 걸 의미합니다. 상호작용이 많으니 더 천천히 이동하겠죠. 이처럼 물질이 무엇이냐에 따라 빛의 속도가 달라진다는 점을 생각한다면, 빛은 이동 시간을 단축하기 위해 속도가 느린 물속에서 더 빨리 나갈 수 있는 경로를 만들려고 할 겁니다.

그럼 물속에서의 경로가 표면과 직각으로 만나면 가장 빠르지 않을까요? 이런 생각이 들겠지만, 반면 전체 경로가 길어지게 됩니다. 그렇다고 굴절하지 않고 직선으로 가면 전체 경로는 짧아지지만 물속에서 머무는 시간이 길어지죠. 이 다양한 조건들 중에서 최적의 경로를 찾는 것입니다.

'시간을 최소화'한다. '최적의' 경로를 찾는다. 이런 표현들은 뭔가 수학적인 표현 같습니다.

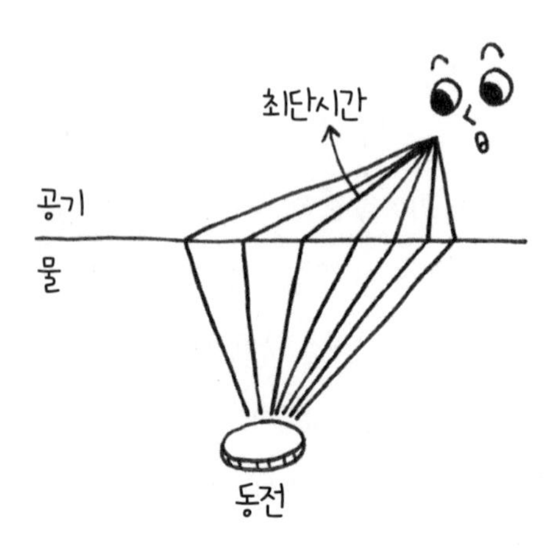

그게 수학적 사고지요. 이렇게 지금 대화하면서 우리는 수를 다루지 않았지만, 수학적인 사고를 하고 있다는 느낌을 받고 있습니다. 그래서 이게 재미있는 원리라는 겁니다. 다시 말해 페르마의 원리는 최적 시간, 그러니까 빛이 운동할 때, 빛의 경로를 택할 때 걸리는 시간을 최소화한다는 것입니다. 이를 최적화 또는 최소화라고 표현합니다. 비슷한 뜻처럼 보이지만 상황에 따라서는 조금 다른 뜻으로 쓰입니다.

이 원리는 몇 세기에 걸쳐서 과학의 발전에 지대한 영향을 미치게 됩니다. 레온하르트 오일러, 피에르 루이 모페르튀이, 조제프 루이 라그랑주, 윌리엄 해밀턴 등에 의해서 '최소작용량 원리', 혹은 '해밀턴의 원리'로 일반화되면서 적용 영역이 점점 넓어집니다. 이는 쉽게 말하면 훨씬 더 일반적인 의미의 '최적화 원리'입니다. 거의 모든 물리적 시스템이 무언가를 최적화하며 진화한다는 원리죠. 온갖 사물의 상호작용부터 전자기장이 하전 입자에 미치는 영향, 심지어 20세기 들어서는 중력장이 만족하는 아인슈타인 방정식까지 모두 적용할 수 있을 정도로 최적화 원리는 추상적이고 일반적인 원리입니다. 이는 특히 현대 과학, 입자물리학 같은 분야에서 보편적으로 사용됩니다. 이렇게 다양한 운동의 원리를 밝히는 작업의 역사적 시작점이 바로 이 페르마의 원리였던 것입니다.

그런데 이 원리가 매우 자연스럽게 느껴지지만 동시에 많은 의문을 던지기도 합니다. 어떤 의문이 드나요?

앞에서 '상호작용'이라는 말을 하긴 했지만, 물질에 따라 왜 빛의 속도가 달라지는가? 얼마나 달라지는가? 이런 질문도 던질 수 있지 않을까요?

그것도 좋은 질문입니다. 물질에 따라서 빛의 속도가 달라진다고 주장했는데, 왜 그럴까요? 이 질문에 구체적인 답을 내리는 과정 또한 물론 굉장히 복잡할 겁니다.

그러나 이 의문은 직관적으로 어느 정도 이해가 됩니다. 우리가 물속을 걸을 때는 공기 속에서 걸을 때보다 더 힘이 들고 천천히 가게 되지요. 주위의 환경이 무엇이냐에 따라 속도가 얼마나 달라지느냐를 답하려면 훨씬 더 정밀한 이론이 필요합니다. 사실 이 질문에 정확한 답을 내리려면 20세기에 개발된 양자역학이 필요합니다.

그런데 그런 어려운 이론까지 들먹이지 않더라도 빛이 주위 물체와 '부딪친다'는 사실만 알아도 이해에 가까워질 수 있습니다. 그러면 빛이 공기와 부딪칠 때와 물과 부딪칠 때가 다르다고 착안할 수 있죠. 현대 물리학에서는 잘 알려져 있는 사실이지만, 조금 이해하기 어려운 사실 중 하나가 바로 빛이 입자로 이루어져 있다는 것입니다. 사실 "빛이 무엇인가?"라는 문제 역시 굉장히 어려운 질문이었고 이 질문의 답이 밝혀지는 데만도 여러 세기가 걸렸습니다. 그러나 빛이 입자로 이루어졌다는 사실을 일단 받아들이고 나면, 빛이 공기와 물, 그리고 진공 상태에서 각각 다른 속도로 진행하는 현상이 조금 더 정밀하게 이해됩니다.

그렇겠네요. 빛은 만질 수 없으니까요. 입자로 이루어져서 공기, 물 등과 부딪치고 다닌다면 우리 손으로도 만질 수 있어야 하지 않나요?

그렇죠. '빛은 물질적인 존재가 없다'고 생각되겠죠. 하지만 여기 이 책상이 눈에 보이는 이유는 바로 빛이 책상에 '부딪쳤다'가 내 눈으로 들어오기 때문입니다. 그러면 언제 손으로 빛을 만질 수 있지요?

우리는 항상 빛을 만집니다. 하지만 빛이라는 느낌이 분명하게 들 때는 손에 온도가 느껴질 때인 것 같습니다. 햇빛에 손을 내밀고 있으면 어느새 손이 뜨거워지니까요.

그때 바로 빛 입자가 손에 와서 부딪치고 있는 겁니다. 눈에 안 보여서 그렇지, 빛은 보통 물질 같은 입자성을 지니고 있죠. 물질에 따라서 거울처럼 빛이 잘 튕겨져 나오는 경우도 있고 이 책상처럼 일부는 흡수, 일부는 산란, 또 일부는 반사돼서 붉은 색채를 띠기도 하지요. 물이나 공기의 경우 빛을 통과시키는 것 같으면서도 두꺼운 층을 이루고 있기 때문에 빛과 점진적으로 부딪치는 현상이 나타납니다. 이 작용을 육안으로 볼 수 있습니다. 언제일까요?

하늘이나 바다가 푸르게 보이는 때일 겁니다.

바로 그렇습니다. 그런 현상을 생각해보면 빛이 물이나 공기 속에서 부딪치고 있다는 것에 대한 직관이 생길 것입니다.

그러면 더 근원적인 질문을 해봅시다. 페르마의 원리에 따르면 '빛은 가장 시간이 적게 걸리는 경로'를 따라서 갑니다. 이를 어떤 상황에 비유해봅시다. 만약 바다에 어린아이가 물에 빠졌는데 아이의 아버지가 모래사장 쪽에 서 있습니다.

아버지는 아이를 구하러 빨리 가고 싶겠죠. 그러면 아이를 향해 일직선으로 가면 안 되죠. 일직선으로 가게 되면 물에 머무르는 시간이 길어지니까요. 모래사장에서 좀 더 많이 이동해서 물을 지나는 시간을 줄이는 것이 좋을 겁니다. 아무래도 뛰어가는 게 수영해서 가는 것보다 빠르니까요. 이 경우도 페르마의 원리와 비슷한 해석이 가능하죠. 우리도 아마 이 상황에서 직관적으로 '내가 이렇게 가야 제일 빨리 가겠다' 하고 판단할 겁니다. 그런데 빛에 대해서 이런 설명을 하려면 이상하지 않나요?

'판단한다'는 말이 이상합니다. 빛은 사람이 아니니 판단할 수 없으니까요.

그것이 바로 이 문제에서 가장 중요한 질문이었습니다. 빛이 어떻게 판단을 하느냐. 그러니까 어디에서 어디까지가 최단 거리라는 것을 빛이 '알고' 간다는 것인데, 어떻게 빛이 '아느냐'. 이 문제는 철학적인 용어로는 텔로스Telos라는 말로 표현할 수 있습니다. 텔로스는 목적, 본질이라는 뜻입니다.

'빛이 가장 빠른 경로를 찾기 위해서 이쪽으로 간다'는 설명은 마치 빛이 '목적성', 텔로스를 지니고 있는 것처럼 들립니다.

이런 설명이 어딘가 비과학적으로 느껴지지요? 현대 과학에서는 이런 종류의 설명과 관점을 전부 부정합니다. '과학적이지 않기 때문'입니다. 설명이 과학적이기 위해서는 어떤 목적성에 의존하지 않아야 합니다. 그래서 텔로스라는 용어를 두고 형이상학적인 세계와 과학적인 관점 사이에 갈등이 벌어졌습니다. 형이상학적인 관점에서는 목적성을 이용하고 과학에서는 그걸 부정하기 때문이죠. 과학 용어를 영문으로 보면 이런 갈등 관계를 더 확실하게 알 수 있습니다.

물리학은 피직스Physics, 형이상학은 메타피직스Metaphysics라고 하지요. 형이상학은 물리학이라는 말에 그리스어에서 기원한 접두사 메타Meta, 즉 '더 높은', '초월한'이라는 의미가 덧붙어 있습니다. 메타피직스를 직역하면 '원초물리학' 정도가 되겠군요. 이 단어만 봐도 두 학문 사이의 갈등이 느껴지지 않나요? 페르마의 원리가 그랬습니다. 페르마의 원리는 정설로 받아들여져서 현대까지 이어지지만, 이후의 과학자들은 텔로스를 이용하지 않고 이 문제를 해명하려 노력했죠. 이 발견을 계기로 텔로스에 의한 설명과 텔로스를 이용하지 않은 설명의 차이가 분명해졌습니다.

페르마의 원리는 1662년 편지 형식으로 처음 세상에 알려졌습니다. 이 페르마의 원리를 목적성이 없는 방식으로 설명하는 건 1678년에 이르러서야 가능했다고 합니다. 설명 방식을 찾는 데 16년이 걸린 셈이죠.

이 문제를 다른 관점에서 해결한 것이 하위헌스의 원리

Huygens' principle입니다. 이는 빛이 퍼져나가는 방향에 대해 설명한 원리입니다. 방 안에서 형광등을 켜면 빛이 사방으로 퍼져나가서 방을 다 밝히듯이, 빛은 어느 한쪽 방향으로만 진행하지 않습니다. 그런데 하위헌스의 원리는 한 지점에서 빛이 퍼져나가면, 그 퍼져나간 지점에서부터 또 동시에 사방으로 퍼져나간다고 말합니다.

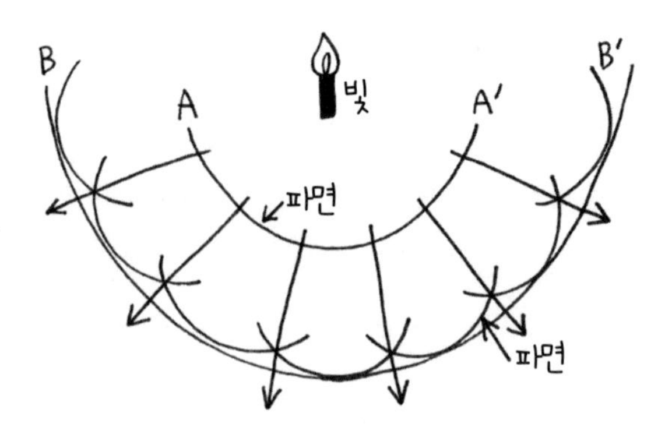

어느 순간이든 빛이 현재 닿아 있는 모든 곳에서 새로운 빛이 다시 나오게 된다는 것이죠. 이를 파면波面이라고 하는데요, 그러니까 빛이 진행한 전선이라고 볼 수 있습니다. 하위헌스의 원리에 따르면 빛은 전선에서 계속해서 만들어지

는 파면의 원천이 되고, 또 나아가서 원천이 되는 과정을 거듭하게 됩니다. 앞에서 밝혔듯, 물에서와 공기에서는 빛이 퍼지는 속도에 차이가 있습니다. 파면의 속도가 공기 속보다 물에서 더 느리다는 점을 이용하면 빛의 굴절을 설명할 수 있습니다. 이것을 수학적으로 정확히 따져보면 빛이 사방으로 퍼진다고 해도 가장 빠른 경로가 아닌 것들은 전부 다 서로 상쇄되어 보이지 않게 됩니다.

아까 말씀하신 물이 담긴 컵에 빨대가 휘어 보이는 원리가 이렇게 설명될 수 있군요. 파면에 의해 퍼진 빛은 물과 공기 중에서 각각 다른 속도로 눈에 도달하게 되고, 나머지 빛은 상쇄된다는 의미죠? 하위헌스의 원리는 페르마의 원리보다 좀 더 과학적인 설명처럼 들립니다. 설명 방식에 목적성, 즉 텔로스가 없기 때문입니다.

그렇습니다. 하위헌스의 원리는 그냥 빛이 무작위로 어느 점에서든지 퍼져나간다고 말할 뿐이죠. 좀 더 현대적인 의미의 과학에 가까워진 셈입니다. 페르마와 하위헌스는 같은 현상을 두고 서로 다른 방식으로 설명하고 있죠. 물론 하위헌스의 원리도 아직까지 빛이 입자라는 개념까진 발전하지 못하고 퍼져나가는 파동처럼 설명하고 있지만요. 그래도 아주 정확하진 않지만 일관성 있는 이론을 만들어내는 과정에서, 물에서의 빛의 속도와 공기에서의 빛의 속도 간에 속도의 비를 어느 정도 측정할 수 있게 되었습니다.

물론 정확한 계산과 이론은 수식을 이용해서 개발해야 합니다. 수학을 계산과 동일시할 수만은 없지만, 정성적인 분석을 정확하게 만들기 위해서는 정량적인 계산이 필요할 때가 많습니다. 페르마 정리를 적용하려면 최단시간 경로를 계산해내야 하듯이요. 그러나 '무엇을 계산할지', 즉 의미 있는 계산이 무엇인지 결정하는 과정도 수학의 핵심적인 활동이라는 것은 여러 번 강조할 만합니다.

다음 두 번째 발견은 무엇인가요?

아이작 뉴턴Isac Newton의 《자연철학의 수학적 원리Philosophiae Naturalis Principia Mathematica》, 보통 줄여서 '프

린키피아Principia'라고 부르는데, 이 책의 편찬을 17세기의 두 번째 중요한 사건으로 소개하고 싶습니다. 그 유명한 뉴턴의 운동법칙, 중력장 이론을 포함하여 조금 더 순수 수학적으로는 미분, 적분 이론을 수록하고 있거든요. 때문에 역사상 중요한 수학적 발견들의 가교이자 증폭제 역할을 했습니다. 이와 함께 과학적인 방법론의 모델을 제시함으로써 수학과 물리학뿐 아니라 흄과 칸트를 통해 계몽주의 철학적 세계관에 지대한 영향을 미쳤습니다. 단연 현대 사상의 초석이라 할 만한 중요한 책입니다.

일단 이 책이 왜 획기적이었는지 생각해볼까요? 먼저 뉴턴의 운동법칙을 살펴보겠습니다.

어떤 물체에 힘을 가하면 그 물체가 움직인다.

자, 제가 방금 틀린 문장을 말했습니다. 과연 무엇이 틀렸을까요?

힘을 가해도 움직이지 않는 물체도 있기 때문일까요?

그런데 전혀 안 움직이는 물체는 없을 것 같습니다. 아주 약간의 진동이라도 움직임이 있을 것 같은데요.

"힘을 가하면 물체가 움직인다"는 표현을 했는데, 이 문장이 틀렸다는 것이 뉴턴의 굉장히 중요한 착안이었습니다. 왜 틀렸는가? 이걸 설명하는 것도 큰 문제였습니다. 굉장히 직관적이고 당연한 사실과 관련된 것인데도 말입니다.

이것이 바로 뉴턴의 운동법칙이 당시에도 어려운 발견이면서 동시에 획기적인 발견이었던 이유입니다. 실험을 해보죠. 제가 여기서 펜을 굴릴 테니 반대편에서 잡아보세요. 여러분이 펜을 잡으면 펜이 멈추겠죠? 멈출 수 있었던 이유는 무엇인가요?

힘을 가했기 때문입니다. 아, 힘을 가하면 물건을 움직이게 할 수도 있지만 멈추게 할 수도 있네요. 이미 움직이고 있는 물체에 아무 힘도 가하지 않으면 멈추지 않고 계속 갈 테니까요. 그렇다면 힘을 주면 '움직인다'라는 표현이 틀린 건가요?

그렇습니다. 멈춰 있는 것을 움직이게 하려면 힘이 필요하지만, 이미 움직이고 있는 건 그냥 놔두면 계속 움직이죠. 손으로 잡지 않더라도 멈추는 이유는 마찰의 힘 때문입니다. 뉴턴이 이를 정밀하게 표현한 말이 바로 '힘을 가하면 속도가' 생기는 것이 아니라, '바뀐다'는 것이었습니다. 이것이 바로 뉴턴의 운동법칙입니다. "힘을 가하면 속도가 바뀐다."

수수께끼를 푼 것 같은 기분입니다. 속도가 바뀌는 양을 우리는 '가속도'라고 배웠습니다.

방금 말한 뉴턴의 운동법칙을 이렇게 표현합니다.

(A) 힘을 가하면 가속도가 생긴다.

그런데 여기서도 관념적인 진전이 일어났습니다. '속도가 바뀐다'가 '가속도가 생긴다'로 바뀌었죠? 이것이 정확히 앞서 이야기한 '추상화' 과정입니다. 가속도라는 것이 정말 있는 건가요? '속도가 바뀐다'에서 가속도라는 개체 하나가 늘어났습니다. 그런데 가속도 자체를 실제 자연에 존재하는 개체로 생각하지 않았으면 뉴턴의 이론은 진전할 수 없었을 것입니다. 뉴턴은 이런 직관적인 발견과 개념적인 진전을 결합하며 운동법칙을 조금씩 정밀하게, 또 실용적으로 만들어 갔습니다.

한 단계씩 따져볼까요? 힘을 더 많이 가하면 가속도가 어떻게 될까요? 더 커지겠지요? 그렇게 위에서 말한 법칙 (A)를 다음과 같이 정량화할 수 있습니다

(B) 힘을 가하면 가속도가 생기고, 힘이 클수록 가속도는 커진다.

이렇게 표현하고 나면 질문은 '얼마나 커지냐'로 넘어갑니다. 그러니까 가속도는 힘에 의존하는데 어떻게 의존하느냐의 질문입니다. 이런 식의 질문을 거쳐서 더 정밀한 법칙이 나옵니다.

(C) 가속도는 힘에 비례한다.

'비례한다'는 표현은 이제 정량적으로 정확하게 쓰는 것이 가능합니다. 등식으로 표현하면

$$a=cF$$

이렇게 씁니다. 여기서 a는 가속도, F는 힘의 양이고, c는 힘이나 가속도에 의존하지 않는 '상수'입니다. 이 등식은 힘을 2배로 늘이면 가속도도 2배가 되고, 힘을 반으로 줄이면 가속도도 반이 된다는 것을 나타냅니다. 상수 c의 의미가 궁금하지 않나요? 만약 등식을 a=F라고 썼다면 가속도와 힘이 같다는 의미가 됩니다. 하지만 비례한다는 말은 같다는 말과 다릅니다. 가령 똑같은 강도로 제가 의자를 밀 때와 큰 탁자를 밀 때를 비교하면, 두 물건의 운동이 같다고 할 수 있습니까?

의자는 넘어지고 탁자는 거의 움직이지 않습니다.

그러니까 힘은 같지만 가속도는 다르지요? 이것이 바로

상수 c의 의미입니다. 같은 힘을 가한다고 생각하고 큰 물체를 밀 때와 작은 물체를 밀 때를 비교해보면, 작은 물체가 가속도가 크다는 것을 알 수 있습니다. 그러니까 상수 c는 물체에 의존하는 양입니다. 물체 하나가 주어지면 그 물체에 가하는 힘과 가속도 사이의 관계를 나타내는 비례상수이지만 또 다른 물체에 대해서는 다른 c 값을 사용해야 합니다. 그러니까 $a=cF$ 관계에서 F를 고정시켰을 때 물체가 작을수록 a가 커지니까 물체가 작으면 c가 커져야 합니다. 물건의 크기를 m이라 놓고 나서 뉴턴은 $c=\frac{1}{m}$일 것이라고 주장합니다. 물건이 작아질 때 c가 커지게 되는 가장 간단한 관계입니다. 그래서 뉴턴의 운동 법칙은 결국 $a=\frac{1}{m}F$, 더 흔히는 이렇게 씁니다.

$$F=ma$$

이 공식을 배운 적이 있습니다. m을 '크기'라고 하셨는데 질량이라고 알고 있습니다. 원리를 모르고 외우기만 한 공식입니다.

그렇습니다. m은 질량입니다. 가령 물건이 반응하는 정도는 크기뿐 아니라 밀도에도 달려 있겠지요. 그래서 사실은 간략하게 크기에 대해서 이야기할 때 밀도까지 감안한 어떤 '절대적인 의미'의 크기를 뜻하고 싶었습니다. 결국 이런 의미의 크기를 '질량'이라고 부릅니다.

질량에 대해 뉴턴은 처음에 이렇게 설명했습니다. '힘을 가하면 가속도가 생기는데, 속도가 바뀌는 강도는 우리가 가하는 힘의 강도와 비례한다.' 앞에서 말한 것처럼 똑같은 힘으로 의자와 책상을 밀었을 때 가속도의 정도가 다른 이유는 질량이 다르기 때문입니다. 책상의 질량이 훨씬 크겠죠. 질량이 크면 반응하는 정도가 적고, 질량이 작으면 반응하는 정도가 큽니다. 뉴턴은 이 운동법칙의 등식을 이용해 $m=\frac{1}{c}$ 을 질량의 '정의'로 사용했습니다. 이런 식의 사고는 추상적인 관점을 요구하므로 일단은 직관적으로 받아들여 봅시다. 가령 제가 지구에 힘을 가하면 어떻게 되죠?

꿈쩍도 하지 않을 겁니다. 지구의 질량이 비교하기 어려울 정도로 훨씬 크니까요. 가속도가 아주 조금밖에 생기지 않으니까요.

뉴턴의 운동법칙은 바로 이런 원리를 설명하고 있습니다. 이를 뉴턴의 세 번째 법칙인 작용-반작용의 원리로도 설명할 수 있습니다. 한쪽으로만 힘을 가해도 반대쪽으로도 똑같은 강도의 힘이 가해진다는 원리입니다. 가령 제가 의자를 한쪽으로 밀면 나만 의자를 미는 것 같지만, 뉴턴에 의하면 의자도 저를 밀고 있습니다. 지구와 나 사이도 마찬가지죠. 제가 배구 선수처럼 공중으로 수직으로 뛰어오르려면 땅을 박차고 올라야 되는데, 그것이 바로 지구에 가하는 힘입니다. 저도 지구에 어느 정도의 힘을 가했지만 지구도 똑같은 힘을 저에게 가하고 있는 셈입니다. 힘을 가했기 때문에 특정한 양의 가속도가 생겼죠. 그러나 지구는 질량이 크기 때문에 $a=\frac{1}{m}F$의 법칙에 의해서 가속도가 조금만 생긴 것이고, 저는 상대적으로 m, 질량이 작기 때문에 떠오른 것입니다.

자, 조금 더 순수 수학적인 얘기로 넘어가면, 뉴턴이 가속도 때문에 발견한 개념이 바로 '미분'과 '적분'입니다. 이 '속도가 변하는 정도'를 정확히 수학적으로 표현한 것이 바로 미분입니다. 미분이란 변하는 정도를 재는 것입니다. 속도의 미분은 바로 가속도인 것이죠.

적분은 어떻게 착안한 개념인가요?

적분도 바로 중력법칙과 관련이 깊습니다. 뉴턴은 2개의 물체 사이에 중력이 어떻게 작용하는가를 고민했습니다. 결국 뉴턴이 발견한 사실은 이것이었습니다.

(g) 중력은 질량이 커질수록 커지고 거리가 커질수록 작아진다.

중력법칙이면 만유인력의 법칙을 이야기하는 건가요?

네, 그렇습니다. 이 법칙을 통해 우리는 왜 달과 같은 위성이나 혜성이 타원운동을 하는지를 정밀하게 설명할 수 있게 되었습니다. 뉴턴이 어떤 방식으로 중력법칙을 정밀화했는지 그 과정을 한번 직접 밟아보도록 합시다.

각각의 질량이 M, m인 두 물체가 있고, 둘 사이의 거리를 r이라고 할 때 두 물체가 서로 끌어들이는 힘, 즉 만유인력의 크기는 어떨까요? 우리는 질량 M과 질량 m이 커지면 중력의 힘 F가 커지고, 거리 r이 커지면 F가 작아지는 간단한 원리를 수식으로 표현하려고 합니다. 예를 들자면 다음과 같은 2개의 가능성이 있습니다.

(1) $F=\frac{mM}{r}$ (2) $F=M+m-r$

공식으로 보면 어느 쪽이 이 원리를 잘 표현하고 있을까요? 여기서부터는 공식만으로는 이해하기 어렵습니다. 물리 실험이 필요하기 때문이죠. 물리학자들은 이처럼 직접 실험하기 어려울 때 직관과 경험을 토대로 한 '생각 실험'이라는 것을 합니다. 우리도 생각 실험을 해봅시다.

M을 지구의 질량이라고 하고, 질량 m을 바꾸어 나갑니다. 만약 질량 m을 두 배로 늘리면 중력 작용이 어떻게 바뀔까요? 질량이 무엇인지 정확하게 알지 못하더라도 이 말은 직관적으로 이해 가능합니다. 물건 2개를 똑같은 물질로 만들었다면 질량이 2배라는 것은 부피가 2배인 것과 같습니다.

물 1리터를 물 2리터로 늘리는 상황을 생각해보면 좋겠군요. 그러면 무게, 중력의 힘 F는 어떻게 됩니까?

그러면 무게도 2배로 늘어납니다. 그렇게 생각하면 $F=\frac{mM}{r}$이라는 공식이 더 적합해 보입니다. m을 두 배로 늘렸을 때 무게도 2배가 될 수 있기 때문입니다.

그렇습니다. 이를 정확한 말로 표현하면 앞에서처럼 '비례한다'고 말합니다. 두 등식 중에 F가 m에 '비례'하는 경우는 첫 번째 공식인 $F=\frac{mM}{r}$이 더 적합해 보입니다. 이 공식에서는 m값을 고정하고 M의 값을 2배로 늘려도 F의 값이 비례해 커집니다. 앞서 이야기한 뉴턴의 운동법칙 중 작용-반작용의 법칙, 즉 지구가 나를 당기지만 나도 지구를 같은 크기의 힘으로 당긴다는 원칙도 만족하는 등식입니다.

우리는 조금씩 만유인력의 법칙을 수학적으로 표현해 나가고 있습니다. 자 여기서 한 가지 고려해야 할 것이 더 있습니다. 바로 거리 r의 역할입니다. $F=\frac{mM}{r}$ 이라는 등식에 의하면 거리를 2배 늘리면 중력은 어떻게 됩니까?

r이 2배로 늘어나면 $F=\frac{mM}{2r}$, 중력은 반으로 줄어듭니다.

그렇습니다. 가령 지구의 반지름은 약 6,400km입니다. 우리는 지구 중심에서 6,400km만큼 떨어져 있습니다. 그런데 만약 로켓을 타고 올라가 지구 중심에서 12,800km만큼 멀어진다면 무게는 어떻게 됩니까? 이 공식에 의하면 절반으로 줄어듭니다. 그런데 그게 사실일까요?

그건 모르겠습니다.

이런 질문은 일상적인 경험에서 멀기 때문에 생각 실험이 어렵고 실제 실험이 필요합니다. 물론 뉴턴 당시에는 그런 실험을 하기 어려웠습니다. 그래서 각종 교묘한 생각 실험을 통해서 정확한 만유인력의 법칙을 고안해냈습니다.

$$F=\frac{mM}{r^2}$$

여기서 정확히 설명은 안 하겠지만 분모 r^2는 반지름 r

인 구의 표면적 공식 $4\pi r^2$의 r^2와 같습니다. 참, 보통은 앞의 공식에 상수 G를 하나 더 넣어서 이렇게 씁니다.

$$F = G \times \frac{mM}{r^2}$$

중력은 $\frac{mM}{r^2}$과 정확히 같은 것이 아니라 역시 또 '비례한다'는 것을 뜻합니다. 자꾸 비례 이야기가 나오는 이유는 이 모든 양을 측정해서 수로 표현할 때 우리가 '단위'를 사용하기 때문입니다. 가령 무게 단위인 킬로그램kg을 사용할 때 성립하는 등식이 있다고 합시다. 여기서 숫자는 그대로 두고 단위를 그램g으로 바꿔 사용하면 등식이 성립할 수 없겠죠. 항상 등식이 성립하게끔 단위를 강제로 결정해버리는 것은 거의 불가능합니다. 그렇기 때문에 '비례한다'는 개념만 등식으로 표현하고 단위에 따라 상수 G를 바꾸어가는 관례를 사용하는 것입니다.

G의 수가 무엇이 되든 중력은 거리의 제곱에 반비례한다는 뜻을 나타내고 있으니 이제 개념을 정확하게 표현

하는 등식이 완성된 것 같습니다.

그렇습니다. 그리고 그걸 확인하는 데 필요한 정밀한 실험은 뉴턴의 시대보다 과학기술이 발전한 이후에야 가능했습니다. 뉴턴 시대에는 그 법칙이 '가설'이었다고 해야겠죠.

그런데 많은 과학 이론이 정확히 이런 방식으로 진전합니다. 누군가는 섬세한 사고와 이론과 직관, 그리고 가능한 여러 실험과 생각 실험을 결합해서 그럴싸한 가설을 세웁니다. 그다음 가설의 정당화에 필요한 여러 작업은 많은 경우 후대에 이루어지죠. 더 중요한 것은 이후에 정밀한 실험을 하기 전에도 위와 같은 중력법칙을 가정하고 나니 관측을 통해 알고 있던 행성의 운동을 더 정확히 설명할 수 있었다는 사실입니다.

행성의 운동에 대해 어떤 설명을 했습니까?

가장 중요한 것은 케플러의 3대 법칙이었습니다. 긴 이야기는 하지 않겠지만 태양계의 천체물들의 궤적을 타원, 포물선, 쌍곡선 3가지로 분류할 수 있다는 법칙이 가장 유명합니다. 또 행성들의 주기와 태양으로부터의 거리 사이의 교묘한 관계도 있었습니다. 정확히 이야기하자면 이런 공식입니다.

주기^2÷거리^3

어떤 행성의 경우에도 계산해보면 위와 같은 값이 나온다는 것입니다. 이 법칙은 자료를 보고 한번 확인해보는 것도 재미있습니다. 인터넷에서 수성, 금성, 지구, 화성, 목성 등 각 행성의 자료를 찾아 그 양을 계산기에 집어넣어 보면 거의 같은 값이 매번 나오는 것을 확인할 수 있습니다. 요하네스 케플러Johannes Kepler는 그의 스승 티코 브라헤가 축적해놓은 관측 자료를 분석함으로써 이런 법칙을 발견할 수 있었습니다. 진짜 고전적인 과학이지요. 컴퓨터나 계산기 같은 도구의 도움이 전혀 없이 참을성 있는 계산과 세밀한 분석을 통해 놀라운 패턴을 발견한 것입니다. 이 역시 인류 역사의 획기적인 업적이었습니다.

뉴턴은 케플러가 데이터 분석을 통해 발견한 이 패턴들

을 이론적으로 설명했습니다. 정확히 말하면 자신이 세운 운동법칙의 가설을 중력의 영향으로 가속하는 천체물에 적용한 다음, 미적분 기계를 돌려 케플러의 법칙을 완벽하게 재현하는 데 성공했습니다. 신비로운 자연을 이론적으로 자세히 설명할 수 있던, 그야말로 획기적인 이론의 큰 승리였지요. 지금까지 이론적으로 현상을 설명하고자 한 노력들의 표본이 되는 사건이기도 합니다.

앞서 중력법칙을 정밀화하는 과정을 설명해주셨습니다. 그렇다면 의문이 듭니다. 이 법칙을 사용하기 위해 적분이 필요한 이유는 무엇입니까?

과학자들은 지구와 달이 서로 얼마나 강하게 잡아당기고 있는지를 측정하고자 했습니다. 그런데 이는 만류인력의 법칙으로도 알기 어려웠습니다. 어떤 어려움이었는지 짐작하시겠습니까?

달과 지구 사이의 거리를 어디서부터 어디까지 재야 할

지 몰랐을 것 같아요. 둘 다 구 모양이니 달의 표면 어느 지점부터 지구의 표면 어느 지점까지를 기준으로 삼느냐에 따라서 거리가 다르게 나올 테니까요. 방향이나 중력도 마찬가지고요.

그렇습니다. 지구나 달의 각 표면에 굉장히 연속적으로 분포한 점과 점들끼리 사방에서 끌어당기는 이 모든 중력을 다 더해야겠죠? 양쪽에서 다 똑같이 끌어당기고 있으니까요. 여기에서 '연속적으로 더해준다'는 개념이 바로 적분입니다.

정량적으로 모든 등식을 이용해서 중력장 등식과 힘을 재는 등식, 운동법칙 등을 다 감안하여 적분을 해주면, 결국 달의 중간에서 지구의 중간 사이의 거리만 재면 된다는 결과를 도출하게 됩니다.(이미 이 사실을 위에서 사용했는데 혹시 알아차리셨나요?) 지금은 당연하게 이 공식을 활용하지만, 처음에는 전혀 당연한 문제가 아니었습니다. '어디서부터 어디까지 거리를 재라는 거냐' 같은 질문에 먼저 답하지 않으면 지구와 달 사이의 중력법칙을 구할 수 없었고, 이로 인해 자연스레 적분이라는 개념을 만들어낸 것이죠.

지금까지 설명한 굵직한 이론들 외에도 뉴턴의《프린키피아》에는 재미있는 내용이 참 많은데요, 특히 뉴턴이 책을 서술하는 형식을 주목해볼 만합니다. 서술 형식을 보면 완전히 수학책처럼 쓰여 있습니다. 정의, 정리, 보조정리, 증명, 정의, 정리, 보조정리, 증명으로 가득 차 있거든요. 요즘 나오는 물리학책보다 훨씬 더 수학적으로 쓰여 있다는 점이 아주 흥미롭습니다. 17세기에 쓰인 책이 이런 형식을 갖춘 데는 다양한 이유가 있는데, 그중 가장 큰 요인은 17세기 영국이 아직도 르네상스 시기였다는 점입니다. 르네상스 시기는 고대 문명의 재발견을 강조한 시기였고, 이를 토대로 학문과 문화를 완성하려는 움직임이 강했습니다. 그 당시에 과학적인 관점을 세우고, 이를 체계적으로 전개하는 데 가장 큰 영향력을 미친 고대 문헌이 있었습니다. 바로 체계적인 사상 전개법에 대한 대표적인 문헌인 유클리드(에우클레이드)의《기하학 원론 The Elements of Geometris》입니다.

유클리드는 피타고라스와 함께 잘 알려진 그리스의 수학자가 아닙니까.

맞습니다. 유클리드 기하학은 처음으로 '공리公理'라는 개념을 창안하여 도입한 이론입니다. 이 '공리'라는 단어를 기억하시길 바랍니다. '하나의 사실에 대해 증명하지 않고 기정사실로 받아들일 때, 이를 기초로 다른 이야기를 진행할 수 있다. 공리를 받아들이지 않는다면 앞으로 전개될 내용도 전혀 받아들일 이유가 없으며, 이 공리가 맞다고 상정하면 앞으로 나올 결론들도 맞다고 여길 수 있다.' 바로 이것이 공리적인 사고체계입니다. 유클리드는《기하학 원론》이라는 책을 통해 기하학에 대한 5개의 공리를 만들고, 그다음에 그 공리만 이용해서 여러 가지 증명을 전개했습니다. 가정과 공리만 사용해서 결론을 이끌어낸 이 책은 당시 서구세계에 굉장히 강력한 영향을 미치고 있던 것으로 보입니다.

어떤 영향이었습니까?

말로 하는 직관적인 과학과 체계적인 이론으로 만들어 내는 과학 사이에 결정적인 차이를 만들어냈다는 점입니다. 뉴턴이 생각한 '체계적인 이론에 근거한 과학'의 모델이 바로 유클리드였던 것 같아요. 그래서 뉴턴은 유클리드를 흉내 내는 방식으로 《프린키피아》를 썼습니다. 이 책에서 증명한 이론 역시 지금은 함수론이나 미적분학 등 다양한 관점으로 해석할 수 있지만, 뉴턴이 정작 활용한 도구는 전부 다 기하학적 증명이었습니다. 뉴턴에게서 유클리드 사상의 영향이 그런 식으로 나타난 것이죠.

이처럼 뉴턴의 책에는 중요한 발견과 원리 등 많은 것들이 표현되어 있지만, 여기에서도 페르마의 원리와 비슷한 난점, 굉장히 이해하기 어렵고 까다로운 난점을 하나 제시했습니다. 혹시 그게 뭔지 짐작이 가세요? 지구와 달 사이를 떠올려 봐도 어느 정도 예측이 될 것 같습니다. 간단한 질문입니다.

페르마의 원리에서는 빛이 최단 거리로 간다는 사실을 밝혔지만 '왜'를 설명할 때 목적성이 없는 설명을 하는 데 어려움을 겪었습니다. 뉴턴의 만유인력의 법칙 역시 달과 지구가 잡아당긴다고 했는데, 왜 잡아당기는지에 대한 이야기는 아직 나오지 않았습니다.

그렇습니다. "왜 잡아당기냐?"와 같은 질문은 그 자체로 중요합니다. 우리는 살면서 여러 질문을 하죠. 그런데 질문을 하면서도 어떤 종류의 답을 원하는지 분명치 않을 때가 많습니다. 가령 x를 구한다고 했을 때 답이 만족스러운 답일 수도 있고 불만족스러운 답일 수도 있습니다. 그런데 사실 뉴턴의 경우처럼 어떤 답을 우리가 만족스러운 답으로 받아들이느냐 자체가 분명치 않은 경우가 더 많습니다. 따라서 과학적인 이론을 전개하는 과정에서 '적당한 답의 틀'을 만드는 것 자체도 중요합니다.

'정확한'이 아니라 '적당한' 답이라고 하셨습니다. 무슨 뜻인가요?

'적당한 답의 틀satisfactory framework for finding the answer'. 어떻게 보면 우리 인생에서 어려운 질문들은 다 그런 식의 질문들이에요. 인생의 의미가 뭐냐고 물어보면, 처음에는 답을 모르죠. 이런 종류의 질문은 사실 '답을 모르는 것' 이상으로 더 난해합니다. 답을 모를 뿐 아니라, 어떤 종류의 답을 원하는지도 모른다는 거예요.

가령, 우리는 인생을 행복하게 살기 원합니다. 이때 "어떻게 행복해지느냐?"의 문제는 조금 더 구체적으로 설명 가능한 질문이에요. 이 질문에 대한 답은 모를지언정 '우리를 행복하게 만드는 것이 무엇이냐'를 구체적으로 따져보면서 이를 성취하려면 어떻게 해야 하는지도 찾아낼 수 있거든요. 어떤 종류의 답을 스스로 원하는지 알 수 있는 거죠. 이에 비해 "인생의 의미가 무엇이냐?"는 훨씬 난해한 질문이에요. 답을 모를 뿐만 아니라, 어떤 종류의 답을 원하는지도 모르기 때문이죠.

제 생각에 이런 종류의 문제가 뉴턴의 이론이 전개되면서부터 대두되었던 것 같습니다. 즉 어떤 종류의 답을 원하는지는 알지만 답 자체를 모르는 상황과, 답을 표현할 만한 적절한 사상의 틀이 없는 상황. 두 종류의 난해함에 부딪힌 것입니다.

지금은 두 행성이 서로 왜 잡아당기느냐의 문제에 비교적 만족스러운 답을 가지고 있지만, 완전히 해결되었다고는 볼 수 없습니다. 뉴턴 이후로 대략 220년 정도 더 시간이 흘

렸죠. 아인슈타인 이론이 여기에 대한 어느 정도의 답을 주었습니다. 그런데 '왜 잡아당기느냐'는 질문은 어려운 질문이면서도 이와 관련된 훨씬 구체적인 질문들을 가능하게 합니다. 난해한 질문은 더 구체적인 질문을 불러오기 마련입니다.

자, 여기서 조금 더 이야기를 진행해봅시다. 간단한 실험을 해볼까요? 여기서 제가 책상을 밀면 반대편에 앉은 사람이 느끼겠죠? 그런데 제가 이쪽에서 민다고 당장 반대편에서 움직임이 느껴지나요?

책상이 움직이고 나서 느낄 거예요. 왜냐하면 책상을 통해 힘이 전달되어야 하기 때문입니다. 책상이 힘을 받는 매개체가 되니까요.

그렇죠. 뉴턴 이론에서 빠진 가장 중요한 부분 중 하나가 바로, "어떻게 전달되느냐"의 문제였습니다. 완전히 같은 문제라고 할 순 없지만 앞에서 얘기한 과학의 목적성, 즉 텔로스의 문제와 비슷한 성격을 띠고 있어요. 다시 말하면 '어떻게 전달되느냐'의 문제를 해결하지 못하면 여기에서 움직이는 걸 저쪽에서 '알고 있기' 때문에 힘이 전해지는 것처럼 보이거든요. 지구와 달도 마찬가지죠. 지구가 움직인다고 달이 함께 움직인다는 것은 마치 지구와 달이 서로의 존재를 알고 있어야 가능한 설명 같지 않습니까?

책상을 밀었을 때 책상이라는 매개체가 있기 때문에 반대편에서 움직임을 느끼게 된 것처럼, 지구와 달 사이에도 매개체가 있어야 하는데, 중력을 전달해줄 매개체가 될 만한 물체가 없습니다. 그렇다면 우주가 물질로 이뤄졌다는 얘기가 여기서 나온 건가요?

비슷한 얘기입니다. 힘을 전해줄 물체가 없는데 어떻게 중력이 전달될까요? 우주뿐 아니라 모든 공간 자체를 물질로 생각해야 한다는 관점이 여기에서 나옵니다. 공간 자체가 물질이 아니면 이 모든 것을 설명하기 어렵습니다. 결국 200여 년이 흐른 뒤에야 아인슈타인은 공간 자체를 물질로 해석해야 한다는 결론을 내립니다. 아인슈타인 이전에는 "어떻게 전달되느냐, 그러니까 왜 그렇게 됐느냐" 하는 질문이, 아인슈타인 이후 좀 더 구체적으로 "무엇을 통해서 전달되느냐"의 문제로 옮겨갔습니다. 더 나아가 중력이 시간차를 두고 전달된다는 사실도 밝혀졌죠.

과학에서의 중요한 계기들은 바로 이런 식으로 나타났습니다. 과학에서는 답을 주는 것뿐 아니라 그 답의 부족한 부분도 굉장히 중요하죠. 어떤 종류의 질문에 대한 명료한 답을 찾는 것도 중요하지만, 반면 굉장히 새로운 질문을 끄집어내고 난해한 문제를 점차 해결할 수 있는 실마리를 찾아내는 과정이 중요합니다.

즉 '부족한 부분'은 답을 찾기 전에 답을 찾는 데 필요한 틀을 만들 수 있는 실마리를 제공한다는 것입니다. 동시에 복잡한 이론이나 사상을 만들어내기도 합니다. 뉴턴의《프린키피아》에서도 그런 경향들이 굉장히 강력하게 나타납니다. 유클리드와 같은 오랜 전통을 흡수하기도 하고, 그 당시 대두됐던 많은 문제를 해결하기도 하고, 틀린 생각을 많이 교정하고 동시에 새로운 난점들을 많이 제시해서 굉장히 먼 미래까지 영향을 미치기도 합니다. 그러니까 "지구와 달이 왜 잡아당기느냐?"라는 질문이 없었다면 "어떻게 잡아당기느냐?"라는 질문의 답을 구할 수 없었을 것이고 "중력이 지금 당장 전파되느냐?"의 답도 구해낼 수 없었을 것입니다.

몇 세기에 걸쳐 난제를 생각한다는 것의 의미가 무척 무겁게 다가옵니다. 오랫동안 수많은 사람이 조금씩 기여하면서 설명과 개념과 실험이 발달하는 과정을 거칠 테니까요.

17세기의 세 번째 발견은 앞의 내용보다 조금 더 참을성을 요구할 듯합니다. 처음 읽으실 때는 그냥 건너뛰기를 권장합니다. 그러나 고등학교 수학의 비교적 기초적인 부분이 생각 나신다면 대부분 내용은 큰 어려움이 없을 수도 있습니다. 또 하나의 방법은 읽어가다가 귀찮은 수식이 나타나면 대충 훑어보고 넘어가는 것입니다. 아예 안 봐도 되고, 나중에 자세히 봐도 괜찮습니다. 저는 보통 수학 논문을 그런 식으로 읽습니다.

선생님도 대충 읽을 때가 있으시다니 위로가 됩니다.

17세기의 세 번째 큰 발견은 페르마와 같은 시기에 활동한 데카르트와 관련되어 있습니다. 데카르트는《방법서설 Discours de la Méthode》이라는 책에서 "나는 생각한다, 고로 존재한다"라는 명언을 남겼습니다. 그런데 이 책에 특별한 부록이 3개나 붙어 있었다는 사실을 아시나요? 그중 하나는 현대 수학의 토대라고 할 만한 중요한 발견을 다룹니다.

정작 당사자인 데카르트는 오늘날 우리가 많이 인용하는 앞부분의 철학적인 내용은 일종의 예비 작업이고, 뒤에 붙은 부록을 더 심각하게 여긴 것 같기도 합니다. 아마 지금의 과학자들은 이 책의 내용을 이해하기 어려울 겁니다. 현대 과학과는 다른 형식의 언어로 서술하고 있으니까요.

이 3개의 부록 중 하나인 '기하학'은 과학사에 굉장히 중요한 영향을 미친 아이디어를 담고 있습니다. 바로 좌표의 발견이었습니다. 평면상의 점을 설명하기 위해 X축과 Y축이라는 직각선을 그리고, 그 점에서 각 축까지의 거리를 나타내는 수의 쌍으로 위치를 설명하는 것을 말합니다. 가령 P라는 점이 있다면 P의 좌표는 다음과 같이 표현합니다.

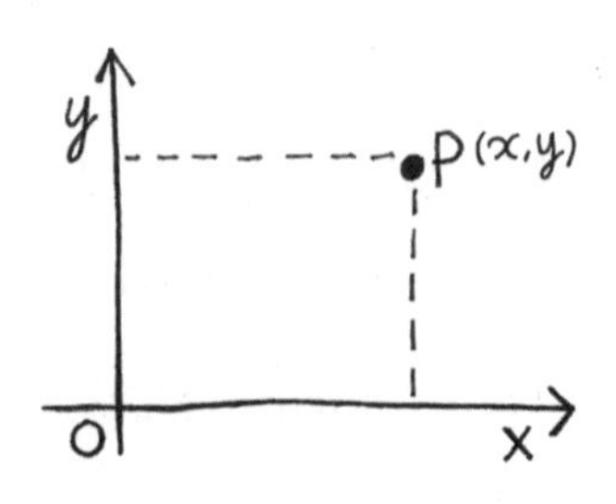

$P=(x, y)$

좌표는 우리에게 매우 익숙한 표현법입니다. 데카르트가 바로 이 표현법을 만들어냈는데, 이는 인류의 역사에서, 그리고 수학사에서 굉장히 중요한 발견이었습니다. 기하학을 대수적인 방법, 즉 언어로 명료하게 표현할 수 있는 개념적 틀이 여기서부터 나왔기 때문입니다. 거의 같은 시기에 페르마도 좌표계 이론을 만들었지만 후대에 미친 영향은 데카르트의 글이 더 큰 것 같습니다.

당시에는 엄청나게 획기적인 발견이지만, 지금은 중학교 교육과정에서 좌표에 대해서 배웁니다. 그렇다면 좌표가 없을 때는 기하를 어떤 식으로 표현했나요?

고등학교에서 배운 타원의 방정식을 혹시 기억하나요? 예를 들자면 이런 등식 말입니다.

$$\frac{x^2}{a^2}+\frac{y^2}{b^2}=1$$

x와 y 좌표에서 이 방정식을 만족하는 모든 점들을 이어 그리면 타원 모양이 나온다는 뜻이죠. 그런데 데카르트와 페르마의 좌표계 이론이 만들어지기 전에는 기하학을 이런 식으로 표현하지 않았습니다. 가령 타원을 표현할 때 "원뿔을 놓고 원뿔을 비스듬하게 잘랐을 때 생기는 곡선이 타원이다" 라고 정의했습니다.

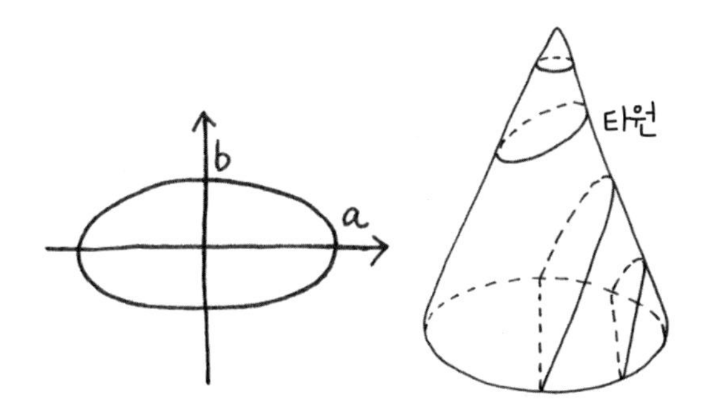

나름 기발한 방법이지요? 같은 기하적 물체를 표현하는

방법이 여러 개 있을 수 있다는 사실을 잘 나타내주는 예이기도 하지요.

데카르트가 정리한 좌표계의 원리는 기하를 대수적으로 표현하고 전개할 수 있는 기초가 되었습니다. 특히 좌표의 발견은 뉴턴에 이르러 혁명적인 사고로 발전합니다. 움직이는 좌표를 설명할 수 있게 만들었죠. 예를 들면 천정에서 파리가 복잡한 궤도를 그리며 움직인다고 가정해볼까요? 여러분이라면 이 파리가 어떻게 움직이는지 다른 사람에게 어떻게 묘사할 수 있을까요?

파리가 날아다닌다는 말밖엔 표현하기 어렵지 않을까요? 빙빙 돌고 있다? 천장의 이쪽에서 저쪽까지 날아다닌다? 정성적인 묘사는 가능하지만 이게 정량적인 표현은 아닙니다. 하지만 좌표로는 정확하게 표현할 수 있겠군요.

데카르트의 시대와는 비교도 되지 않을 정도로 고도로 과학이 발전한 현재에도 모양에 대한 정밀한 언어는 갖춰지지 않았습니다. 소수, 분수 등 수량을 표현하는 언어는 굉장히 정밀한데도, 모양을 설명하는 언어는 '크다' '작다' '둥글다' 같이 굉장히 원시적인 상태죠. 그런데 만약 좌표계를 안다면 평면 위에서 수의 순서쌍을 활용해서 파리의 궤적을 설명할 수 있습니다. 가령 파리가 (t, t^2) 모양으로 간다고 하면 x축의 t가 바뀔 때 (0, 0), $(\frac{1}{2}, \frac{1}{4})$, (1, 1), (2, 4) 하는 식으로 위치가 바뀐다고 설명할 수 있습니다.

함수라는 개념도 이때쯤 생겨났습니다. 위치를 나타내는 좌표가 시간에 따라 변할 때 각 좌표는 시간의 함수가 됩니다. 시간의 함수라는 개념을 통해 우리는 물체가 어떻게 움직이는지 위치를 정확하게 묘사할 수 있습니다. 더 나아가 우리는 시간에 대한 함수 2개를 주면 움직이는 궤적이 정확히 어떤 모양이 될지도 나타낼 수 있게 됐어요.

$$(\cos(t),\ \sin(t))$$

이 함수는 t가 바뀌면서 원주를 따라서 돌아갑니다. 궤적을 시간에 대한 함수로 바꿔 어떻게 움직이는지 정확하게 표현하는 도구가 생긴 것입니다. 이렇게까지 인위적인 경우가 아니라도 실제 파리가 날아가는 궤적을 근사적으로라도 좌표를 이용해서 추적해놓으면 시간에 따라서 변하는 좌표의 궤적을 컴퓨터에 저장했다가 다시 재생하는 것도 가능합니다. 위치와 위치의 변화를 묘사할 때의 효율성 때문에 지금은 이미지를 컴퓨터에 저장하거나, 디자인 소프트웨어를 사용할 때 정보 처리 과정에서 자주 2차원이나 3차원 좌표를 이용하기도 합니다.

이처럼 좌표 이론은 앞서 이야기한 뉴턴 이론과 합쳐져 행성의 궤적을 완벽하게 나타낸다든지, 앞으로 그 행성이 1년 후에 어디 있을 것인지도 예측하게 만들었습니다.

철학 책으로만 접한 데카르트의 발견이 뉴턴으로까지 이어지는 거군요. 그래서 근대 수학사에 중요한 발견으로 이 좌표계의 발견을 꼽을 수 있겠네요.

여기서 모두 말하기 힘들 정도로 많은 영향을 미쳤습니다. 좌표계 이론은 뉴턴이 《프린키피아》에서 여러모로 사용하고, 몇 백 년 후에는 좌표계에 대한 근본적인 성찰로 말미암아 시간과 공간의 구조에 대한 개념적인 혁명을 일으켰습니다.

뉴턴은 좌표계를 다르게 설정했을 때 시스템의 묘사가 어떻게 바뀌느냐의 문제를 다뤘습니다. 이런 내용입니다. 아래의 그림에서 봅시다. 가령 좌표의 축을 x, y축처럼 수직 수평으로 그리지 않고 u, v축처럼 비스듬히 그리면 순서쌍은 달라지겠죠?

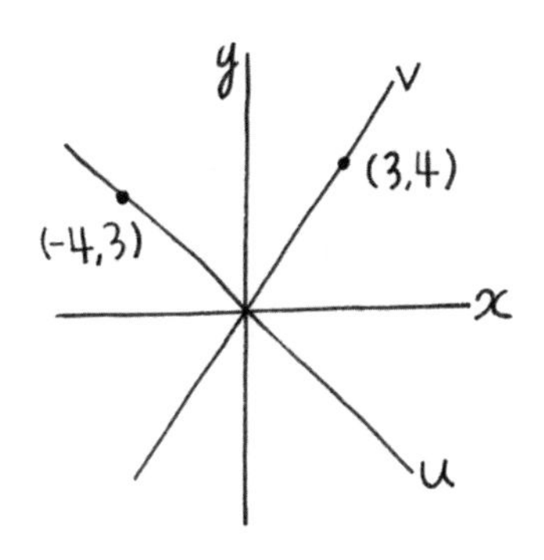

좌표를 다르게 그린다는 건 무슨 의미일까요? 평면상에 똑같은 점을 묘사하는데, 관점을 바꾼다는 말입니다.

가령 (x, y)좌표가 (1, 1)인 점은 (u, v)좌표가 $(\frac{1}{5}, \frac{7}{5})$ 이

됩니다, 방정식이 $y=x^2$인 포물선은 (u, v)좌표로 이렇게 표현합니다.

$$16u^2+9v^2+24uv+15u-20v=0$$

조금 복잡합니다. (x, y)좌표와 (u, v)좌표 사이의 관계는 수식으로 아래처럼 표현합니다.

$$u=\frac{4}{5}x-\frac{3}{5}y\ ; \qquad v=\frac{3}{5}x+\frac{4}{5}y$$

이런 계산을 효율적으로 하려면 약간의 이론이 필요하지만 여기서 계산에 대해서 크게 걱정할 필요 없습니다. 저도 잘 못합니다. 그런데 몇 가지 계산해보며 확인해보는 것은 좋은 경험이 됩니다. 가령 $u=0$인 선은 v축이 되는데 (x, y)좌표로 표현하면, 아래와 같습니다.

$$\frac{4}{5}x-\frac{3}{5}y=0,\ 즉,\ y=\frac{4}{3}x$$

그림으로 어느 정도 확인할 수 있겠지요? 반대로 (x, y) 좌표를 (u, v)의 함수로 표현할 수도 있습니다.

$$x=\frac{4}{5}u+\frac{3}{5}v; \qquad y=-\frac{3}{5}u+\frac{4}{5}v$$

두 좌표계 사이의 관계만 기억하면 한쪽 좌표로 묘사한 구조를 다른 쪽 좌표로 전환하는 것이 간단하지요. 물론 계산이 귀찮지만 말이지요. 위 포물선의 (u, v) 방정식은 그렇게 구했습니다. 귀찮지만 계산 하나 같이 해보지요. 방정식이 아래와 같은 원이 있습니다.

$$x^2+y^2=1$$

이 원은 (u, v) 좌표로 어떻게 되나 볼까요? 위 관계를 대입하면

$$(\frac{4}{5}u+\frac{3}{5}v)^2+(-\frac{3}{5}u+\frac{4}{5}v)^2=1$$

$$\frac{16}{25}u^2+\frac{24}{25}uv+\frac{9}{25}v^2+\frac{9}{25}u^2-\frac{24}{25}uv+\frac{16}{25}v^2=1$$

$\frac{24}{25}uv$항과 $-\frac{24}{25}uv$항은 서로 상쇄되고 남는 것은

$$(\frac{16}{25}+\frac{9}{25})u^2+(\frac{9}{25}+\frac{16}{25})v^2=1$$

$$\frac{16}{25}+\frac{9}{25}=\frac{16+9}{25}=\frac{25}{25}=1$$

따라서 (u, v)좌표에서의 식도 $u^2+v^2=1$이 됩니다. 따라서 (x, y)좌표에서의 값과 똑같습니다.

포물선의 방정식은 상당히 복잡하게 바뀐데 비해서 결과가 조금 신기하지요? 다시 강조하지만 좌표들 관계는 앞에서 나타나듯 전혀 간단하지 않습니다.

이런 관점 변화에 대한 의문은 또 다른 질문들과도 연결이 됩니다. 가령 똑같은 현상을 여러 좌표를 사용해서 묘사할 수 있다면? 그리고 그것들 사이의 관계도 정량적으로 체계적으로 표현할 수 있다면? 이런 식으로 질문을 거듭하면서 좌표계의 아이디어에서 시작해 점점 더 발전하다 보니 다

음과 같은 결론에 도달합니다. 물리적인 현상, 물리적인 원리, 물리적인 법칙이라는 건 어느 좌표계를 통해 보든 일관성이 있어야 한다는 것입니다.

관점이 다르더라도 점 자체는 똑같은 점일 테니까요. 그러니까 단지 표현하는 방법이 여러 가지라고 해서 다른 현상이 되는 것이 아니라는 의미이지요?

이 관점에서 보았을 때, 원의 방정식이 의미하는 바를 잠깐 보지요. 좌표가 (x, y)인 점을 보면 다음과 같겠지요?

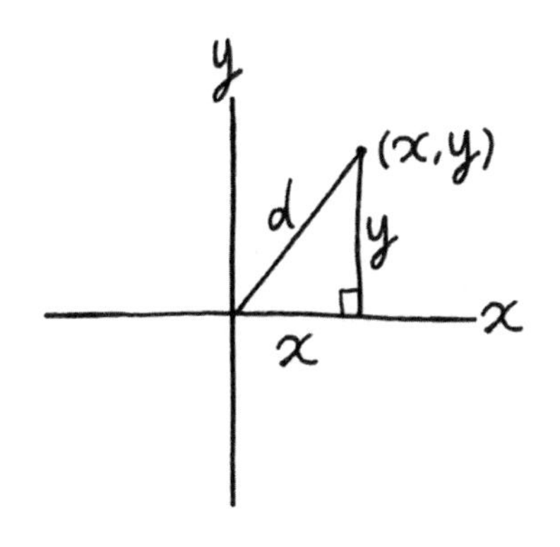

그림에 직각 삼각형이 표시되어 있지요? 그 삼각형의 밑변은 x, 그리고 높이는 y입니다. 그러면 빗변의 길이 d와의 관계가 어떻게 되지요?

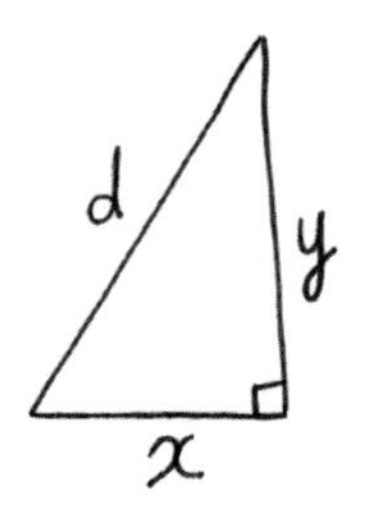

아, 생각나네요. 피타고라스의 정리가 이야기하는 것이 여기서 $d^2= x^2+y^2$이라는 것이지요?

네, 맞습니다. $x^2+y^2=1$인 원의 방정식을 만족하는 점들이란 정확히 $d^2=1$인 점들이 되겠지요? $d^2=1$은 $d=1$이라는 것과 같으므로 '$x^2+y^2=1$인 점들'은 '원점에서의 거리가 1인 점들'입니다. 그래서 원의 방정식이 그런 꼴을 갖게 됩니다. 그런데 이 이야기는 (u, v)좌표로도 똑같이 할 수 있습니다.

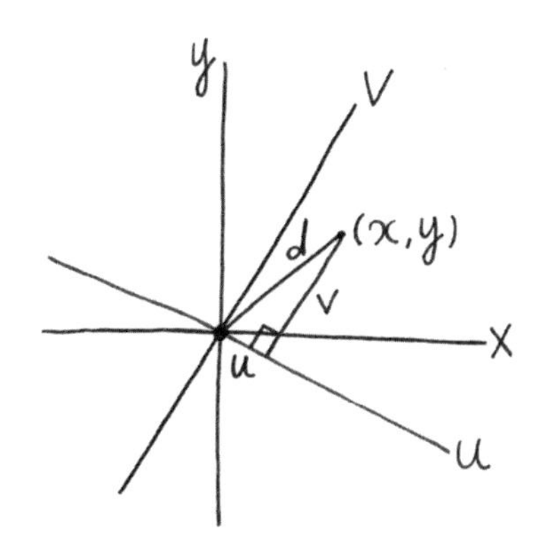

즉, 원의 방정식이 (x, y)좌표에서나 (u, v)좌표에서나 똑같은 꼴이 되는 이유는 x^2+y^2과 u^2+v^2이 둘 다 '원점에서의 거리의 제곱'을 나타내기 때문입니다. 이는 바로 뉴턴의 '좌표와 관계없는 불변량'의 개념으로 이어집니다. 이것은 그야말로 현대 물리에서 필수적인 개념이죠. 기억해둬도 좋습니다.

여기서 뉴턴의 중요한 착안은 일정한 속도로 움직이는 좌표계도 자연 현상을 묘사하는 데 적절하다는 것이었습니다. 사실 그 당시 자연에 대한 여러 가지 발견을 종합하면 뉴턴은 이런 입장을 취할 수밖에 없었습니다. 가장 중요한 사실은 니콜라우스 코페르니쿠스, 케플러, 갈릴레오 등이 새로 그려 놓은 우주의 형상이었지요. 여기서 핵심은 '움직이지 않는 좌표는 없다'는 점입니다. 왜 그런지 짐작하시겠습니까?

정확히는 알 수 없지만, 지구가 태양의 주위를 돌고 태양과 은하계가 이동한다는 점과 관련이 되어 있나요? 그런데 좌표가 고정되어 있지 않다면 가령 거리는 어디서부터 어디까지, 속도는 어떻게 측정합니까?

그 자체가 중요한 점입니다. 속도는 객관적인 양이 아니라는 사실입니다. 바로 여기서 인류의 우주관에 변화가 생깁니다. 한때 사람들은 지구가 움직인다는 생각을 하지 못했습니다. 지구가 태양 주위를 돈다는 사실을 알게 된 다음에도 태양은 고정되어 있다고 믿었죠. 그러다가 점차적으로 태양, 은하계 등 우주가 모두 움직이고 있다는 사실을 발견하게 되었습니다. 결국 '움직임은 상대적이다'라는 결론을 내리게 되는 것입니다.

일상생활에서야 지구가 고정되어 있다고 생각해도 큰 상관이 없고, 보통 '움직인다'는 말은 지구에 대해서 (더 일상적인 용어로 '땅'의 관점에서) 상대적으로 움직인다는 것을 뜻합니다. 그런데 더 큰 그림을 생각할 때, 가령 태양계 내에서 행성들의 움직임을 계산하려고 할 때 지구를 고정된 좌표로 둘 수는 없습니다. 태양 역시 고정되어 있는 원점은 아니죠. 점점 우주 차원으로 관심사가 커질수록 절대적으로 고정된 좌표는 없다는 생각이 듭니다. 그렇겠죠? 따라서 뉴턴은 아예 처음부터 이를 포기하는 이론을 택하고 '좌표1의 관점에서 저 물체는 움직인다'는 종류의 '상대적인 명제'로부터 출발하게 됩니다.

결국 저 점이 일정한 속도로 움직이는 것 자체는 객관적인 현상이 아니라는 것이지요? 점을 따라서 좌표계를 움직이면 정작 점은 움직이지 않으니까요.

그런데 가속도는 어떨까요? 가속도는 상대적일까요? 뉴턴의 법칙은 가속도는 객관적이라는 가설을 내포하고 있습니다. '속도는 객관적이지 않지만 속도의 변화는 객관적이다.' 점점 생각하기가 까다로워집니다.

가령 공이 가다가 멈췄으면, 공이 '가다가' '멈춘다'는 현상 자체는 어떤 좌표계 내에서 일어나는 현상입니다. 반면 속도가 바뀌었다는 것은 객관적인 사실입니다. 이런 문제를 수학적으로 다룬 '움직이는 좌표계' 이론 역시 뉴턴의 《프린키피아》에 수록되어 있습니다. 가만히 있는 좌표계와 똑같이 등속운동을 하는 좌표계 사이의 관계는 무엇이냐의 문제를 다루고 있습니다.

앞에서 편의상 평면 좌표의 예를 보았지만, 일반적으로는 공간 좌표 (x, y, z)를 고려해야 하고 그러면 계산은 더 복잡해집니다. 그렇지만 개념적인 원리들은 크게 다르지 않습니다. 이 움직이는 좌표계에 대해서 생각하려면 공간 좌표뿐 아니라 시간 좌표도 동시에 생각해야만 한다는 사실까지 생각이 미칩니다. '움직임' 자체가 시간과 관련된 개념이기 때문입니다. 2가지를 합쳐서 보통 '시공간 좌표'라는 말을 씁니다.

시공간 좌표는 조금 이상하게 들리네요. 왜 꼭 시간 좌표를 같이 생각해야 하나요?

두 좌표계 사이의 관계를 규명할 때 공간 좌표가 시간 좌표에 의존하기 때문입니다. 공간과 시간 사이의 관계를 규명하기 위해서 간단하게 물체가 직선상에서 오가는 상황을 생각해보지요. 직선상의 위치를 표현하려면 좌표가 몇 개 필요한가요?

하나면 되지 않나요? 원점에서의 거리만 주면 위치가 정해집니다.

네, 그렇습니다. 단지 원점에서 어느 쪽으로 떨어져 있느냐도 표시해야 하니까 아래 그림처럼 오른쪽은 양수 좌표를, 왼쪽은 음수좌표로 표기합니다. 아래 방법을 씁니다.

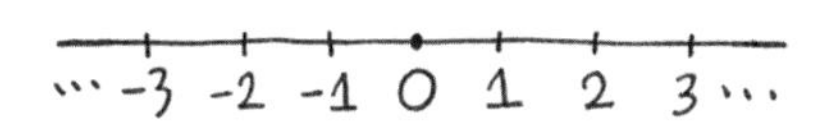

좌표계가 둘일 때의 관계를 봅시다. 첫 좌표계의 공간 좌표를 x, 그리고 둘째 좌표계의 공간 좌표를 u라 합시다. 공간과 시간의 원점은 똑같습니다. 시간 좌표를 t라고 하면 x=0, t=0인 점과 u=0, t=0인 점이 같다는 의미입니다. 그런데 중요한 점은 (x, t)좌표계의 입장에서 보았을 때 (u, t)좌표계가 일정한 초속도 k로 움직이는 상황을 검사해봅시다. 그러면 시간이 10초 지났을 때 u좌표가 0인 점의 x좌표가 무엇이지요?

t=0일 때에 비해서 u좌표계의 원점이 계속 10초 동안 이동했으니까 x좌표는 10k가 됩니다.

그렇습니다. 일반적으로 두 번째 좌표계에서 좌표가 (u, t)인 시공간점은 첫째 좌표계의 입장에서는 (u+kt, t)의 좌표를 갖겠지요. 즉

$$x=u+kt, \quad t=t$$

이것이 두 시공간 좌표 사이의 관계입니다. 거꾸로 해볼까요.

$$u=x-kt, \quad t=t$$

이렇게 쓸 수도 있지요.

아, 그래서 공간 좌표만 표기해서는 두 좌표 사이의 관계를 표현하는 것이 불가능하군요. 공간 좌표 사이의 관계에 시간 좌표가 들어가니까.

네. t 좌표는 양쪽 입장에서 같은데도 t좌표를 기억하지 않으면, 두 공간 좌표 사이의 관계를 규명할 수 없습니다. 그래서 이때부터 이미 시간과 공간의 묘사가 엮이기 시작합니다.

이제 다른 이야기로 확장해봅시다. 뉴턴의 《프린키피아》에 담긴 관점에서 거듭된 질문과 분석을 바탕으로 후대에 만들어진 이론이 있습니다. 자, 여태까지 설명을 계속 이어왔는데 무슨 이론인지 짐작이 가나요?

아까 말씀하신 아인슈타인의 '상대성 이론'인가요?

네, 그렇습니다. 바로 그 상대성 이론입니다. 그러니까 움직인다는 것 자체가 상대적이라는 개념이 결국은 '시간까지 상대적'이라는 관점으로 진화해버립니다. 아인슈타인의 특수 상대성 이론은 지금 우리가 언급한 것처럼 굉장히 기초적인 논문으로 기술되어 있습니다. 30페이지쯤 되는 논문의 절반은 참을성 있게 좌표계와 속도의 개념만 가지고 읽으면 보통 사람들이 읽을 수 있는 정도입니다. 기초적인 관점에서 상대적이라는 게 무엇이냐는 문제에 천착하고 있죠. 그 논문의 가장 중요한 결론은 앞에서 다룬 두 좌표계 사이의 관계에 대한 뉴턴의 설명이 엄밀하게 보면 틀렸다는 것입니다.

열심히 설명해주셨는데 틀렸다니 힘이 빠집니다.

우리 논리에는 서로 움직이는 두 좌표계가 시간을 똑같이 정할 수 있다는 가정이 은밀히 들어 있었거든요. 정확히는 두 번째 좌표계의 시간 좌표를 s라 놓으면 다음 관계가 성립합니다. 아마 아래 공식은 읽기도 힘들 겁니다.

$$x=\frac{u+ks}{\sqrt{1-(\frac{k}{c})^2}}\ ;\ t=\frac{s+\frac{k}{c^2}u}{\sqrt{1-(\frac{k}{c})^2}}$$

그럼에도 자세히 보고 예를 하나씩 따져보면 이 식에 대한 직관이 생깁니다. 여기서 c는 빛의 속력입니다. 몇 가지 주시할 점이 있습니다. 첫째, 보통상황에서는 k가 빛의 속도보다 훨씬 작기 때문에 $(\frac{k}{c})^2$, $\frac{k}{c^2}$ 이런 항들이 다 0이나 다름 없습니다. 따라서 s와 t는 거의 같고 x 는 약 u+ks, 이것은 또 약 u+kt이니까 뉴턴 이론과 거의 차이가 없습니다. 그렇기 때문에도 보통 상황에서는 이 섬세한 등식을 관찰할 기회가 없습니다. 제가 보기만 해도 머리 아픈 이 등식을 쓴 것은 여기서 그 등식을 한 번 보여주고 싶었기 때문입니다.

네, 자세히 들여다보겠습니다.

그 다음은 두 번째 좌표계의 원점을 조사해보지요.

u=0일 때, 그 점의 x좌표는 $\frac{ks}{\sqrt{1-(\frac{k}{c})^2}}$

u=0일 때, t와 s사이의 관계는 $t=\frac{s}{\sqrt{1-(\frac{k}{c})^2}}$ 가 됩니다.

따라서 u=0인 점의 x좌표는 kt가 되므로 뉴턴의 상황과 같습니다. 그러나 $t=\frac{s}{\sqrt{1-(\frac{k}{c})^2}}$ 관계는 놀랍습니다. 둘째 좌표에서의 시간보다 첫째 좌표의 시간이 더 흘렀다는 것을 등식으로 확인할 수 있습니다. 이런 사실로부터 상대성 이론의 특별한 '패러독스'들이 시작됩니다.

상대성 이론의 패러독스란 무엇입니까?

가령 우주여행을 하고 돌아오니 지구에서는 수천 년이 지났다든지 하는 종류의 공상 과학 같은 이야기들이지요. 이런 신기한 이야기가 좌표계 사이의 관계로부터 따른다는 것이 믿기 어렵지요? 이 상대성 이론은 철저한 수학적 검증을 통해 탄생한 이론이라는 점에서 더 놀랍습니다. 어쨌든 아인슈타인에게 페르마와 데카르트의 좌표계 이론이라는 도구가 없었다면 상대성 이론은 불가능했을 겁니다.

지금까지 페르마의 원리와 데카르트에서 뉴턴, 아인슈타인까지 살펴봤습니다. 그들이 자신들이 가진 의문을 푸는 방식을 보면, 어렴풋이 들어오는 직관이 우여곡절 끝에 수학적 사고로 이어지는 것을 알 수 있습니다. 수학을 이용해서 개념들을 정리하고 나면 성숙해진 이론이 더 높은 경지의 새로운 의문점들을 제시하기도 합니다. 이를 통해 과학의 역사와 수학의 역사가 사실 분리되지 않는다는 것을 알 수 있죠.

반면 이 위대한 발견들을 살펴보면 수학적 방법론의 형성과 진화 과정을 감지할 수도 있습니다. 서로 다른 시대에 살았던 이들은 마치 바톤을 넘기듯 의문에 답을 내고 난제를 남겼고, 문제 해결의 실마리로써 그때마다 필요한 프레임워크를 만들어가며 점점 명쾌한 이론을 전개해 나갔습니다. 수학적으로 사고한다는 것은 우리가 무엇을 모르는지 정확하게 질문을 던지고, 우리가 어떤 종류의 해결점을 원하고 있는지 파악하고, 그에 필요한 정확한 프레임워크와 개념적 도구를 만들어가는 과정이라고 할 수 있을 것입니다.

3강

확률론의 선과 악

여러분은 선한 사람입니까? 악한 사람입니까? 그런 판단은 무엇을 기준으로 내릴 수 있을까요? 어려운 사람을 많이 돕는 사람이 선한 사람일까요? 아니면 법을 어기지 않는 사람이 선한 사람일까요? 저는 가끔 학생들에게 이런 질문을 합니다. 가령 작년에 런던 하이드파크에서 총 10명이 살해됐다. 이는 큰일일까요, 아닐까요?

단순한 질문 같지만 대답하기 어렵습니다. 살인사건은 일어나지 말아야 할 범죄이지만, 수치로 생각했을 때 만약 그전 해보다 현저히 사망자가 적게 발생했다면 치안이 좋아진 셈이니까요.

고전윤리학적인 관점에서 보면 이 질문 자체가 비윤리적이라고 말할 수도 있습니다. 하지만 대답한 것처럼 어떠한 상황에서 어느 정도의 살인이 일어나는지를 알아보지 않고 당장 '한 사람이라도 죽으면 안 된다'는 원칙을 가지고 이 사건을 판단할 수는 없습니다. 사망자 10명이 많을 수도 적을 수도 있습니다. 예를 들면 사망자 수를 0으로 줄이는데 들어가는 자원을 사회의 다른 곳에서 옮겨 옴으로써 더 큰 문제가 일어날 가능성도 고려해야 하니까요. 사회적 에너지의 적절한 분배는 답을 찾기 어려우면서도 늘 염두에 두고 있어야 할 문제이기도 합니다. 이렇게 윤리적인 문제 역시 과학적인 근거에 따라 판단을 내릴 수 있죠. 이는 공리주의의 관점이기도 합니다.

영국 산업혁명 시대의 사상가 제러미 벤덤Jeremy Bentham이 창시한 공리주의는 '최대 다수의 최대 행복'을 추구하는 사회 제도를 중시하기로 유명합니다. 벌써 말 자체에 정량적인 사고방식이 스며 있는 것을 느낄 수 있지요? 사실 윤리적 사고를 정량화하자는 이야기는 문명의 역사에서 꽤 오래된 관점인 것 같습니다. 벤덤은 '행복의 계산학'이라는 개념을 사용하기도 했는데, 이는 스코틀랜드 계몽주의의 창시자 중 하나인 프랜시스 허치슨Francis Hutcheson의 '윤리적 계산학'에 힘입은 바가 많았습니다. 윤리적인 문제를 수학적으로 접근했던 허치슨의 저서《덕과 미의 기원》에는 '도덕적 영향력=자비심×능력' 같은 '윤리적 주제의 정량적 방법론' 등식이 등장하기도 합니다. 지금 보면 엉뚱해 보이지만 도덕 문제까지 과학적인 시각으로 분석하려는 시도가 그 시대의 분위기를 잘 나타내주는 듯합니다. 이런 허치슨의 사상은 데이비드 흄과 애덤 스미스 같은 당시의 계몽주의 사상가들에게 미친 영향이 지대했다고 전해집니다.

그보다 좀 더 앞선 시대의 인물, 흥미로운 르네상스인 하나를 소개하며 이야기를 시작해봅시다. 루카 파치올리Fra Luca Bartolomeo de Pacioli라는 인물입니다. 이 사람은 보통 '회계학의 아버지'라고 불립니다. 회계학의 아버지가 있다는 사실을 모르는 사람들이 대부분일 겁니다. 1447년부터 1517년까지 르네상스의 절정기를 살았던 그는, 프란체스코회의 수도승이기도 했고, 레오나르도 다빈치와 함께 생활하며 공동 연구도 하고 수학도 가르치면서 많은 아이디어를 나눴다고 합니다. 르네상스 시대의 학문적, 문화적 발전에 다방면으로 기여한 그는 과학 역사에서도 매우 중요한 인물이었습니다. 그 이유는 이 사람의 가장 유명한 저서《산수, 기하학, 비례와 비례적인 것들의 대전》덕분입니다. 굉장히 긴 제목이지요. 1494년에 출판된 책으로, 산수, 대수, 기하 등 당대의 수학적 지식을 집대성했고 회계에 관한 내용도 다루고 있습니다. 후대의 사람들이 그를 회계학의 창시자로 꼽는 이유입니다.

오늘날 회계학을 공부하려면 수학이 반드시 필요하긴 하지만, 그렇다고 수학 교과서에 회계학이 포함된 경우는 거의 없는 것 같습니다.

당대인들이 학문의 분류를 어떻게 생각했는지를 엿볼 수 있는 대목이기도 하죠. 이 책에는 '복식부기법Double Entry Book Keeping'이라는 방법론이 회계학의 역사에서 처음으로 등장합니다. 회사를 경영하면서 계정을 자본 계정, 현금 계정, 부채 계정 등으로 구분하기 위해 각 계정마다 들어 있는 돈을 2가지 방식으로 나눠서 기록하는 방법을 말하는데요, 돈 거래가 있을 때마다 한쪽 계정에는 차변, 다른쪽 계정에는 대변을 이중으로 기록하면서 '자산=자본+부채'와 같은 등식이 항상 만족하게끔 장부를 정리하는 기법입니다. 이 책은 재미있게도 '어떻게 해서 베네치아의 상인들이 현대 문명을 창조했는가?'라는 거창한 부제가 붙어 있습니다. 새로운 건축 양식과 과학기술이 활발히 창조되었던 르네상스 시대에는 각종 문화 사업에 많은 자본이 필요했습니다. 그 당시에는 이런 사업을 정부보다는 메디치 가 같은 사유 자본에 더 많이 의존했는데, 자금을 철저하게 관리하기 위한 방법으로 복식부기법이 굉장히 중요하게 작용했다고 이 책은 주장합니다.

그런데 우리가 수학적인 입장에서 보면, 이 책에 회계학이나 산수, 기하에 대한 일반적인 이야기 말고도 보다 중요한 내용이 하나 더 들어 있습니다. 저는 그 내용이야말로 정말 세계 역사의 진로를 바꿔놓은 질문이라고 생각합니다. 그것은 바로 '점수의 문제Problem of Points'입니다. 간단한 예를 들어 그 문제가 무엇인지 설명하겠습니다.

점수의 문제는 굉장히 간단한 도박 게임에서 시작합니다. 참가자 A와 B가 있다고 했을 때 이 두 참가자가 각각 똑같은 금액의 판돈을 냅니다. 1만 원씩을 내서 판돈 2만 원을 만들었다고 가정해봅시다. 이들은 동전 던지기 게임을 합니다. 동전을 던져서 앞면이 나오면 A가 1점을 얻고 뒷면이 나오면 B가 1점을 얻으며, 정해진 목표 점수에 다다른 사람이 이겨서 판돈을 다 가지고 간다는 것이 규칙입니다.

이렇게 매우 간단한 도박 게임을 두고 루카 파치올리는 중요한 질문을 던집니다. "갑자기 게임이 중단되면 판돈은 어떻게 나눌 것인가?"하는 문제입니다. 가령 A가 5점을 얻고 B가 3점을 획득한 상태입니다. 그런데 게임 중에 갑자기 불이 나거나 지진이 나거나 어떤 이유로든 게임이 중단되어 다시할 수 없다면 판돈을 어떻게 나누느냐는 겁니다.

간단하게 생각하면 A가 이기고 있었으니까 A가 다 가져가면 될 것이라고 답할 수도 있을 것 같습니다. 문제는 판돈을 다 가져가려면 '끝까지 하기로' 한 조건에 부합해야 하는데 게임이 중단되었다는 것이 아닐까요?

과학에서 문제를 해결하는 것이 굉장히 중요하지만, 때로는 문제를 해결하는 것 이상으로 문제를 제시하는 것이 더 중요한 역할을 하는 경우가 많습니다. 적당한 문제를 제시하는 것이 문제를 해결하는 것보다 학문의 발전을 훨씬 크게 바꾸는 경우가 오히려 많죠. 파치올리의 질문은 그런 종류의 질문 중 하나였습니다.

그의 질문이 왜 어려운 질문이었는지 잠깐 생각해보도록 하죠. 말씀처럼 A가 이기고 있었으니 A가 다 가져가면 된다고 할 수도 있습니다. 하지만 이를 부당하다고 느끼는 사람도 있겠죠. 게임은 끝까지 해보지 않고는 모르는 거잖아요. 그리고 그 규칙대로 하려면 점수가 1 : 0이더라도 A가 다 가지고 가야 할까요?

그 상황에서는 부당할 것 같네요. 1 : 0이면 누가 이길지 정말 예측하기 어려운 상황인데, 판돈이 다 A의 차지가 되면 누구라도 불평할 것 같습니다.

그러면 어떻게 할까요? 이에 루카 파치올리는 나름대로

답을 하나 제시했습니다. 중간 점수가 5 : 3이면 판돈도 5 : 3 비율로 나누면 된다는 거죠. 그럴 법하죠?

동점이면 똑같이 나누면 되고, 점수 비율로 판돈을 나누는 것은 그나마 합리적으로 보입니다.

그런데 16세기 중반에 니콜로 타르탈리아라는 또 다른 유명한 수학자가 파치올리의 풀이가 잘못됐다고 주장하면서, 이 점수의 문제는 우리가 생각한 것보다 훨씬 어려운 질문이라고 설명했습니다.

5:3으로 나누는 것이 왜 잘못됐을까요? 나누어 떨어지지 않아서? 그건 근본적인 문제는 아니죠. 반올림 하느냐 반내림 하느냐 하는 종류의 문제가 있을 수는 있겠지만요. 조금 더 구체적으로 이 방법론이 문제가 되는 정확한 상황을 하나 제시해볼까요?

만약 5:3인 상황과 500:300인 상황은 좀 다를 것 같습니다. 목표 점수가 만약 501점이고 현재 500:300의 상황에서는 500점인 사람이 사실상 이긴 거나 다름없다고 봐야 하지 않을까요?

좋은 지적입니다. 5:3의 비율로 나누는 게 그럴싸하게 보일지 몰라도, 목표 점수에 따라서 그 비율로 나누는 것이 좋아 보이기도 하고 아니기도 합니다. 500:300까지 가지 않더라도, 목표 점수가 11점이고 점수가 10:6이 된다면 10점인 사람이 불만이겠지요. 반대로 점수가 낮은 쪽에서 불만이 생기는 경우도 있을 겁니다. 예를 들어 중간 점수가 5:3이 아니고 1:0이라고 해봅시다. 목표 점수가 100점이고 현재 점수가 1:0이면 둘 중 누가 이길지 예측하기 어려운 상황인데, 1점을 득점한 사람이 판돈을 모두 차지한다면 부당하다 느낄 것입니다. 이 문제를 지적한 타르탈리아는 이를 해결할 수 없는 문제로 여겼습니다.

시간이 흘러 과학혁명의 시대, 갈릴레오, 뉴턴 등 과학사에 중요한 인물이 줄줄이 나왔던 17세기에 이르러 이 문제가 다시 수면에 떠올랐습니다. 한 사람은 수학자이자 물리학자였던 페르마이고, 한 사람은 수학과 철학으로 굉장한 명성을 떨쳤던 블레즈 파스칼Blaise Pascal입니다. 이 문제에 대해 혼자 고심하던 파스칼은 어느 날 자기 아버지의 친구인 페르마에게 서신을 보내 이 문제를 논하기 시작했습니다. 1654년 여름, 2개월에 걸쳐 편지를 교환하던 이들은 이 문제를 완전히 해결하는 데 성공했습니다.

어떻게 해결할 수 있었나요?

가장 핵심적인 질문은 바로 A와 B가 이길 '확률'이 무엇이냐였습니다. 지금까지 딴 점수가 문제가 아니라 앞으로 딸 점수가 어떻게 될 것인가. 5:3은 그때까지 딴 점수, 즉 과거에 대해서 생각한 것이죠. 굉장히 파격적으로 시각을 바꾼 것입니다. 과거가 아니라 미래에 대해서 생각을 하고 각자가 이길 확률을 계산해야 한다는 것이죠.

확률은 과거가 아닌 미래를 생각하는 개념이군요. 확률이라는 개념이 이때 만들어진 것인가요?

확률 계산은 지금 중·고등학생들이 보면 굉장히 간단하지만 그 당시에는 발명해야 하는 개념이었습니다. 이들이 편지에서 어떤 이야기를 나눴는지 대강 살펴볼까요? 7점을 먼저 딴 사람이 이기는 게임에서 중간 점수가 5:3이니까, A가 2점을 따거나 B가 4점을 따면 게임이 끝나겠죠. 그렇다면 5번 안에 반드시 끝나겠죠? 게임을 5번 하면 A가 그중 2번을 이기든지 B가 그중에 4번을 이길 테니까요. 그래서 앞으로 5회 동전을 던졌을 때 나오는 모든 경우의 수 중에서 B가 이기는 경우를 나열해봤습니다.

위 그림은 B가 이기는 모든 경우를 나열한 그림입니다.

앞면이 전혀 나오지 않거나 앞면이 한 번만 나오면 B가 이기게 되죠. 이를 통해 이길 확률을 계산할 수 있습니다. 1번처럼 제일 먼저 앞면이 나오고 뒷면, 뒷면, 뒷면, 뒷면이 나오는 경우, 각각 2분의 1 확률을 가지고 있으므로 이를 모두 곱하면 확률은 32분의 1이 됩니다. 이와 같은 경우가 총 6개 있기 때문에 전부 더하면 B가 이길 확률은 32분의 6, 그러니까 16분의 3이 됩니다.

따라서 A가 이길 확률은 1-16분의 3, 즉 16분의 13입니다. 페르마와 파스칼은 이런 계산을 해본 끝에 A는 16분의 13 확률로 이길 수 있으므로 16분의 13×2만 원=16,250원을 받아야 하고. B는 16분의 3×2만 원=3,750원을 받아야 한다는 결론을 내렸습니다. 이를 현대적인 용어로 풀면 'A와 B가 각자 자기의 기댓값을 받아야 한다'고 합니다. 경우의 수를 고려하는 방법론도, 기댓값이라는 개념도 바로 파스칼과 페르마의 서신에서 처음으로 등장했습니다. 대중수학 저자로 잘 알려진 케이스 데블린Keith Devlin은 그의 책《끝나지 않은 게임The Unfinished Game》에서 '페르마와 파스칼이 17세기에 나눈 편지, 그리고 그 편지들이 세계를 현대화했다'를 부제로 정할 정도로 그 파급 효과를 중시했습니다.

앞에서 살펴본 복식부기법이 현대 세계를 창조했다는 애기는 약간 과장 같지만, 확률의 개발은 현대 세계를 가능하게 만든 중요한 발견처럼 보입니다. 당장 우리 손의 스마트폰만 봐도 비가 올 가능성부터 교통상황에 따른 네비게이션까지 별의별 확률이 다 나와 있습니다. 각종 스포츠에서도 확률을 통해 승부를 예측하고, 대통령 선거도 투표를 하자마자 당선 확률을 이야기합니다.

과연 확률 없이 일상생활을 생각하는 것이 가능할까요? 17세기에는 가장 뛰어난 천재들만 이해하는 개념이었던 확률, 가능성, 기댓값이라는 개념을 우리는 매일 들여다보고 있습니다. 심지어 20세기에 와서 정립된 양자역학에 의하면 원자에는 특정한 모양이나 위치, 속도가 정해진 것이 아니고 원자 자체가 항상 확률적으로밖에 존재하지 않는다고 합니다. 우리 존재 역시 원자로 구성되어 있지요? 그렇게 보면 현대 과학의 관점에서 보면 우리는 모두 확률적인 존재라는 말이 됩니다. 이것만 보아도 확률론이 우리가 세계를 바라보는 시각에 미친 영향이라는 건 어마어마합니다. 현실 자체가 확률적이라는 것이 지금은 가장 많이 받아들여지는 이론이기 때문입니다. 유치하게 보였던 도박 문제를 두고 17세기 파스칼과 페르마가 나눈 서신이 이토록 놀랍게도 세계를 바꿔버린 것입니다.

그런데 이러한 확률론이 처음부터 사람들에게 쉽게 받아들여진 것은 아닙니다. 17세기에 개발되고 나서 사회적으로 받아들여지기까지는 굉장히 오랜 시간이 걸렸습니다. 확률론은 일어나지 않은 일에 대한 체계적인 이론이라고 했죠? 아직 일어나지 않은 일에 대해서 사고를 한다는 것 자체가 어떻게 보면 신을 거역하는 행동으로 생각됐을 수도 있습니다.

'정당한 가격'이라는 개념이 있습니다. 확률의 사회사에 대한 옥스퍼드 퀸스칼리지의 키아라 케네픽Ciara Kenne-fick박사의 강의를 통해 접한 내용입니다. 그는 프랑스와 영국의 법 역사를 비교 연구하던 중 '정당한 가격' 이론과 확률론의 역사가 맞물린다는 사실을 발견했습니다. 이를 수학자들과 의논하고자 옥스퍼드 수학연구소에서 강연을 하게 된 것이지요.

정당한 가격이란 시장 거래 가격에 '정당한' 가격이 있다는 의미인가요? 소비자보호법 같은 건가요?

정당한 가격이란 유럽 법, 특히 프랑스 법에서 중요한 개념이라고 합니다. 사실 시장에 의해서 가격이 정해지는 자본주의 체제에서도 거래를 완전히 자유롭게 할 수는 없습니다. 시장경제에서도 가격과 거래가 '정당한가' 문제를 무시할 수는 없어서, 대부분 나라에서 상거래를 상당히 긴밀한 법으로 규제하고 있습니다. 각종 소비자보호법이 그렇고 노동력의 거래를 다루는 최저임금제가 그렇죠. 유럽의 경우 법이 11세기경 로마법을 토대로 성문화 과정을 거쳐서 지금까지 발전을 거듭해왔는데요, 그 역사 속에서 정당한 가격의 중요성은 오랫동안 이어져왔습니다. 그중 케네픽 박사의 연구는 18, 19세기 프랑스가 배경입니다. 산업혁명의 효과로 자본주의가 급격히 확산되던 시점에도, 프랑스는 계약의 자유가 법으로 엄격하게 통제되고 있었습니다. 예를 들면 부동산이 정당한 가격의 5분의 2의 이하로 거래될 경우 번복할 수 있다는 것이 법에 명시되어 있을 정도였는데, 재미있게도 연금의 판매가는 자유로운 계약이 가능했죠. 연금의 정당한 가격을 따지려면 수명을 알아야 하는데, 언제 죽을지 모르는 인간의 수명은 '임의적'이기 때문에 정당한 가격이 있을 수 없다는 이유에서입니다.

지금처럼 온갖 보험이 있고, 위험에 대한 평가가 경제적 결정을 할 때 필수요소가 된 시대의 시각으로는 쉽게 납득이 가지 않는 내용입니다.

확률론이 널리 보급되어 있는 지금은 '기댓값'의 계산이 너무나도 흔히 쓰이기 때문에 그렇습니다. 지금은 수명을 계산할 때 어떤 사람의 구체적인 상황, 나이, 건강 상태, 생활 습관 등을 조사하고, 통계 자료에 입각한 확률을 이용해서 65세에 은퇴하여 매년 2천만 원을 받으면 수혜액은 얼마가 될지까지 쉽게 계산해 알 수 있습니다. 즉, 연금의 정당한 가격을 이야기할 근거는 '수명의 확률론적 기댓값'에서 나오는 것입니다. 그런데 17, 18세기의 프랑스에서는 이 문제를 그렇게 수학적으로 따지지 못한 것입니다.

운과 무작위성으로 가득한 미래에 대해 체계적으로 사고할 수 있다는 자신감은 갈릴레오, 뉴턴 등이 등장한 17세기에서야 생겨났습니다. 심지어 확률론이 급속히 발전한 이후로도 프랑스법정에서는 1938년까지도 확률론을 거부하는 판례가 있었다고 합니다.

중요하고 혁신적인 이론일지라도 받아들여지는 과정에서 난항을 겪게 되는 것 같습니다. 첨단 기술이 순식간에 세계적으로 퍼지는 이 시대에도 과학적인 사고가 인간에게 고귀한 가치, 생명, 사랑, 건강 등과 별개의 문제라 여기고 이를 적용하는 데 대한 거부감을 느끼기도 합니다.

그렇습니다. 진화론이나 게임 이론도 받아들여지는 데 얼마간의 진통을 겪었습니다. 얼마 전 영국의 경우에도 국가

의료 시스템의 자원을 어떻게 배분하는가의 문제를, 통계 자료를 근거로 결정할 수 있는가에 대한 논쟁이 있었습니다. 인간의 목숨과 건강이 어떤 상황에서나 똑같이 중요하다는 원칙에 위배된다는 느낌 때문일 것입니다.

이처럼 인간이 인간 자신에 대해서 과학적으로 사고하는 작업은 여전히 어렵습니다. 앞서 언급한 '최대 다수의 최대 행복', 공리주의는 찰스 디킨스와 같은 지식인들에게 상당한 비판을 받았습니다. 바로 공리주의의 결과주의적 성격 때문이었는데요, 그러니까 행동의 선함과 악함을 판단하는 기준은 행동의 결과, 즉 파급효과의 좋고 나쁨 말고는 필요 없다는 이념이었습니다. 의도, 믿음, 신앙 등 실증적이지 않은 요소들, 어떻게 보면 형이상학적인 세계관을 배척하는 철학이었지요.

찰스 디킨스는 빈부격차, 환경오염, 노동계급의 소외 같은 사회 문제를 소설에서 많이 다뤘습니다. 이성 중심적인 사고가 '반인문적'이라고 생각했던 걸까요?

그런 경향이 있을 겁니다. 공리주의에 대해 가장 신랄한 비판이 담긴 1854년 소설, 《어려운 시절Hard Times》을 보면 그렇습니다. 주인공 토머스 그래드그라인드는 자녀교육과 사회문제까지도 이성적인 방법론, 확률이나 통계로 해결할 수 있다고 주장했습니다. 하지만 정작 그의 아들 톰은 방탕아였고, 도둑질에 무고한 노동자를 범인으로 모는 악행을 저지르죠. 톰은 자신의 범죄가 밝혀진 뒤, 자신을 나무라는 아버지에게 이렇게 말합니다.

> "사회에는 신용을 요하는 직업이 얼마나 많은데, 그중에 간혹 부정직한 사람이 나타나는 것을 어떻게 막겠어요. 저는 아버지가 그런 현상을 두고 통계적인 원리라고 주장하는 것을 수백 번 들었습니다. 원리인 것을 제가 어떻게 하겠어요? 아버지는 늘 그런 과학적인 논리가 사람들한테 위로가 된다고 생각하시잖아요. 스스로를 위로하시지요."

이 말을 들은 아버지는 참 마음이 아팠겠지만, 아들의 주장도 그럴싸합니다. 이 소설은 실제 인물을 모델로 쓰여졌는데요, 주인공 토머스 그래드그라인드는 벤덤의 친구이자 공리주의의 주요 인물이었던 제임스 밀James Mill이었습니다. 공리주의의 가장 체계적인 이론가였던 존 스튜어트 밀J.S. Mill의 아버지였죠. 디킨스 소설에는 제임스 밀에 대한 풍자적 묘사가 많이 등장합니다. 존 스튜어트 밀은 아버지의 철저한 지도 하에 3세에 그리스어를 배우고 12세에 경제학을 연구하는 등, 고전, 과학, 철학, 정치, 경제 등을 터득한 신동으로 유명했습니다. 하지만 '선행학습'의 압력을 이기지 못하고 20세에 정신 분열을 겪기도 했죠.

결과주의는 항상 확률론적인 성격이 강합니다. 왜냐하면 결과주의는 행동이 가져올 결과를 행동의 기준으로 삼아야 한다는 내용을 전제로 하는데, 결과는 미래에 벌어질 일이므로 확실하게 알 수 없습니다. 결국 최대 다수의 최대 행복은 일종의 기댓값으로밖에 생각할 수 없다는 의미가 됩니다. 여기서 때로는 결과가 좋지 않더라도 좋은 의도로 시작한 일이라면 그 역시 선한 행동이 아니겠느냐 하는 질문도 할 수 있습니다. 하나의 행위에 일정 확률로 좋은 일도 일어나고, 또 다른 확률로 나쁜 결과가 일어날 수도 있습니다. 그리고 그 행위는 한 번으로 끝나지 않고 어느 정도 확률을 가지고 계속해서 좋고 나쁜 산물을 낳겠죠. 그렇다면 좋은 결과를 낳을 확률을 따지며 선악을 판단하는 것이 과연 의미 있는 일일까요? 확률이라는 개념이 받아들여지기 어려웠던 환경에는 이런 의문들이 깔려 있었습니다.

의도를 가지고 결정해야 하는가, 결과를 생각해서 결정해야 하는가는 우리가 일상적으로 늘 부딪히는 문제이기도 합니다. 수학적인 개념 하나를 받아들이는 데 거의 200년 가까이 걸린 셈이군요?

그런 딜레마를 드라마틱하게 그려낸 희곡의 한 장면을 보여주고 싶군요. 바로 T. S. 엘리엇의 희곡 〈대성당의 살인 Murder in the Cathedral〉입니다. 이 희곡을 대학생 때 읽었던 기억이 나네요. 왕권과 신권 사이의 대립이 고조되던 중세 영국, 대주교인 토마스 베켓은 헨리 2세의 기사들에 의해 살해당합니다. 희곡 후반부에 이르면 정신적인 번뇌에 빠진 베켓은 수많은 유혹에 시달리는데, 그 마지막 유혹은 영광스러운 순교자의 길을 택하는 것이었습니다. 결국 그는 순교의 유혹까지 극복하면서 이렇게 말합니다.

> 이제 나의 길은 선명하고 신의 뜻은 자명합니다.
>
> 이런 유혹이 다시는 올 수 없습니다.
>
> 마지막 유혹은 가장 큰 배신인 즉,
>
> 나쁜 이유로 옳은 일을 하는 행위입니다.

부사제들은 그가 성당 문을 잠그고 피신하여 대주교의 의무를 다하기 위해 살아주기를 간청합니다. 그러나 이미 신의 뜻을 받아들이기로 한 베켓은 성당 문을 열어젖힌 뒤 이렇게 답합니다.

> 당신들은 내가 무모하고 절망적이고
>
> 미쳤다고 생각하지요.
>
> 속세의 논리를 전개하며
>
> 결과만을 가지고 선악을 결정합니다.
>
> 사실적 계산에 승복을 하지요.

어떤 생애, 어떤 행위이든

좋고 나쁜 효과가 있기 마련인데,

시간이 지나면 많은 결과가 섞이면서

선과 악의 구분이 불가능해집니다.

어떻습니까? 저는 이 장면을 수학적인 언어로 표현해보고 싶습니다.

결과가 좋은 정도의 기댓값을 계산하는 것이 불가능하다.

최근 들어 화제가 되고 있는 확률에 대한 게임을 하나 보여드리겠습니다. 바로 결정 게임입니다. 다섯 사람이 자동차를 타고 길을 따라가고 있는데 갑자기 길 한가운데 세 사람이 나타났다고 가정해봅시다. 너무 갑작스러운 등장에 브레이크를 밟을 틈이 없는 긴박한 상황입니다. 브레이크를 밟아도 제동 거리가 너무 부족한데, 다행히도 자동차 바퀴를 틀어서 진로를 바꾸는 건 가능합니다. 게임이니까 너무 두려워하지 마시고요.

일단 계속 가면 여기 건널목에 있는 3명이 죽게 되겠죠? 진로를 바꾸면 도로의 장벽에 부딪혀서 자동차 안에 있는 사람이 5명이 죽게 될 겁니다. 여러분이 이런 상황에 놓인다면 어떻게 하시겠습니까? 똑바로 가시겠어요? 혹은 진로를 바꾸겠어요?

진로를 바꾸지 않는 것으로 결정하겠습니다.

다음 시나리오로 옮겨갑니다. 이제 나 혼자 차를 타고

가고 있고 할머니가 건널목에 있어요. 그러면 저 할머니를 죽이느냐 진로를 바꿔서 내가 죽느냐의 문제가 됩니다. 어떻게 할까요? 진로를 바꿀까요, 직진할까요? 강의에서는 보통 직진하겠다는 답이 더 많았습니다.

> 저희는 반댑니다. 할머니를 죽이면 감옥에 갈 것 같은데, 죄책감에 시달리며 옥살이를 하고 싶지 않습니다.

또 상황이 바뀌어서, 진로를 바꾸면 차 안에 있는 3명이 죽고 직진하면 차 밖의 3명이 죽습니다. 다만 차 밖에 있는 사람은 여자 어른 둘 아이 하나, 차 안에는 남자 어른 둘 아이 하나입니다. 어떻게 할까요? 진로를 바꿀까요? 직진하는 게 좋을까요? 보통 이 질문에는 답이 반반으로 갈립니다.

다음 상황은 자동차에 운전자가 타고 있지 않은데, 차가 직진하면 신체가 상당히 건강한 편인 사람이 죽고 진로를 바꾸면 몸이 약한 사람이 죽습니다. 어떻게 할까요? 결정을 내렸으면 더 게임을 이어갑시다. 방금과 같은 상황이지만 모두 다 건강한 사람일 경우입니다. 또 다른 상황에서는 직진하면 고양이 한 마리가 죽고 진로를 바꾸면 사람 넷과 개 한 마리가 죽어요. 이때는 어떻게 해야 하죠?

좀 더 복잡한 문제로 나아가서, 직진해도 4명이 죽고 진로 바꿔도 4명이 죽는데, 진로를 바꾸면 죽는 사람은 바로 도둑들이에요. 진로를 바꿀 건가요? 도둑을 죽이겠다고 마음먹은 이유는 뭐죠? 만약 그들이 가난해서 도둑이 된 거라면 어떡하죠? 한 번만 더 묻죠. 지금 진로를 바꾸면 또 4명이 죽는데 아이들이고, 직진하면 차 안에 있는 사람들이 죽는데 그들은 다 노인들입니다. 어떻게 할까요?

점점 결정하기 약간 까다로운 상황으로 게임의 참여자를 계속 몰아가는 듯합니다. 비교적 결정이 쉬워 보이는 상황, 결정이 어려워 보이는 상황, 사람에 따라서 의견이 다를 수 있는 상황도 있습니다. 도대체 무얼 위한 게임인가요?

이 게임은 MIT의 기계공학과에서 만든 게임입니다. 바로 자율주행 자동차에 들어갈 프로그램을 만들기 위한 게임이죠. 자율주행 자동차는 스스로 이런 종류의 결정을 해야 합니다. 위험한 상황이 분명히 일어날 것이고, 그러면 그것을 사람이 아니고 자동차가, 컴퓨터가 자동으로 판단할 수 있게끔 프로그래밍을 해야 합니다. 그러면 컴퓨터는 어떤 근거로 판단하고 결정해야 할까요? 간단한 경우도 있지만 굉장히 복잡하고 다양한 시나리오를 자율주행 자동차가 결정해야 합니다. 그리고 지금 우리는 이 게임을 통해 자율주행 시스템을 훈련시키는 데 필요한 데이터를 제공했습니다. 사람들이 정답이라고 느낄 만한 답을 기계한테 가르쳐주는 데 참여한 거죠.

그러니까 지금은 우리가 게임처럼 여러 가지 결정을 했지만, 알고 보면 5년 후든 10년 후든 훗날 실제 자율주행 자동차가 내릴 결정에 영향을 미치는 결정들을 한 셈이에요. 무섭지 않나요? 저는 저런 결정에 제가 참여하는 것이 좀 무섭습니다.

공리주의 논쟁처럼, 이렇게 가느냐 저렇게 가느냐, 그러면 그렇게 결정했을 때 세상에 좋은 결과를 가지고 오느냐, 나쁜 결과를 가지고 오느냐, 또 나쁜 결과가 나타날 확률은 어느 정도냐. 그 계산을 우리에게 돌리고 있습니다. 책임 역시 인간에게 돌아오는 일입니다.

이런 종류의 결정 문제는 철학에서 상당히 오래된 문제 중 하나로, '트롤리 문제'라고도 부릅니다. 망가진 전동차가 언덕길에서 내려올 때 진로를 바꾸지 않고 차 안의 5명이 죽게 내버려두는가, 아니면 진로를 바꿔서 4명의 보행자를 죽여야 하는가라는 문제를 철학적으로 다루고 있죠. 철학에서 중요한 문제로 다뤄졌던 이 트롤리 문제를 지금은 자율주행 자동차를 만드는 데 고려해야 하는 상황이 되었어요. 윤리라는 형이상학적 문제를 구조화, 모델화하여 알고리즘으로 만들어내고 있는 것이죠.

마지막으로 확률에 대한 수수께끼 하나를 드리겠습니다. 첫 번째 수수께끼는 이겁니다. 지능이 굉장히 높은 여자들은 대부분 자기보다 지능이 낮은 남자와 결혼한다고 해요. 통계적으로 그렇다고 합니다. 왜 그럴 것 같아요? 여기에 대해서 보통은 별의별 답이 다 나옵니다. 가령 '여자가 원래 남자보다 지능이 높다'라든지, '똑똑한 남자는 똑똑한 여자를 싫어한다'라든지. 진짜 이유는 뭘까요?

그런데 정답은 바로 '확률적으로 대부분 남자들이 지능이 굉장히 높은 여자보다 지능이 낮으니까'입니다. 제가 앞에서 지능이 굉장히 높다고 했을 때는, 확률적으로 대부분의 사람들이 그들보다 지능이 낮다는 걸로 이해할 수 있습니다. 그러니 지능이 굉장히 높은 사람은 웬만해서 자기보다 지능이 낮은 사람과 결혼하게 되지요. 그러나 우리는 이런 질문을 받으면 대체로 그렇게 생각하지 않게 됩니다. 뭔가 사회적인 편견에 입각해서 답을 찾게 되지요.

우리는 이런 문제에 대해 답을 할 때 도덕적으로 그릇된 답을 피할 수 있는 사고가 필요합니다. 확률론적 사고처럼 말입니다.

수학적으로 사고하는 게 오히려 도덕적으로 그릇된 답을 피할 수 있다는 사실은 우리에게 굉장한 통찰력을 줍니다. 우리는 흔히 윤리적인 것, 인문적인 것은 수학적인 것과 전혀 다른 결과를 지향하고 있다는 선입견을 갖고 있기도 합니다. 디킨스처럼요. 특히 확률론적 사고는 더욱 그렇게 느껴집니다. '확률은 가능성일 뿐이다'라는 편견이 있기 때문입니다. 그러나 오히려 수학적 사고가 우리를 도덕적 오류로부터 구출하는군요.

여기서 다시 한 번 묻겠습니다. 확률론은 선한가, 악한가? 이는 과학 자체에 대해 던지는 질문이기도 하죠. 왜 그런 질문을 던질까요? 과학이 굉장히 강력한 도구이기 때문입니다. 수학도 마찬가지입니다. 아시다시피 과학 기술의 발전은 인간을 달에도 보냈지만 핵폭탄을 만드는 데도 사용되었습니다. 원자폭탄을 디자인할 때 확률 계산이 들어간다는 것을 아시나요? 원자폭탄은 미세적인 구조부터 확률이 작용하는 장치입니다. 빨리 붕괴될 가능성이 많은 원자를 사용해야 하기 때문인데요, 이 확률은 양자역학이 결정합니다. 이런 강력한 도구를 만들기 전에 선한 것인가 악한 것인가라는 질문을 던지게 되겠죠.

이에 사람들은 아마 과학 혹은 확률론 자체는 선하지도 악하지도 않다고 답을 할 겁니다. 사람이 그 도구를 가지고 좋은 일도 할 수 있고 나쁜 일도 할 수 있지, 그것 자체가 선하거나 악하다고 할 수도 없다고 말이죠. 저는 여기에 하나를 덧붙이고 싶습니다. 확률론이 선하지도 않고 악하지도 않을 뿐 아니라, 선하고 악한 것도 확률론의 지배를 받는다는 것입니다. 엘리엇이 묘사한 베킷 대주교의 주장처럼 우리가 선하다고 결정한 것도 악한 결과를 가지고 올 확률이 있고, 악하다고 생각하는 것들도 약간의 선한 효과가 있을 수 있기 때문이죠. 그런 것들도 확률의 지배를 받을 수밖에 없습니다. 그러니까 오히려 질문을 거꾸로 돌릴 수도 있겠지요. 선하고 악한 것은 얼마나 확률적인가.

4강

답이 없어도 좋다

민주주의란 무엇일까요?

광장히 어려운 질문입니다. 중요한 의사결정을 할 때 구성원들 대다수가 원하는 요구 조건을 이뤄낼 수 있는 사회 체제 아닌가요?

좋다는 것들을 다 이루면 좋겠지만, 이는 불가능에 가깝습니다. 각자의 요구 조건들을 나열해보면 서로 모순되는 경우들이 생길 수밖에 없습니다. 그런데 실제로 어떻게 의사결정을 할 것인가라는 문제를 특이하게 수리경제학의 시각으로 정리한 이론이 있습니다. 이는 사회선택 이론으로 발전해 지금까지도 활발히 연구되고 있는 분야입니다. 그중 우리가 합당하게 느낄 만한 선거 시스템을 만들 수 있는가라는 문제를 다룬 유명한 이론 하나를 소개해보겠습니다.

쉽게 생각해서 직접 민주주의 자체가 훨씬 더 민의를 잘 반영한다고 말할 수 있는가? 이런 질문 같은 건가요? 직접 민주주의가 대의제보다 더 민의를 잘 반영한다고 말할 수 있는가? 하는 질문들이 자연스럽게 따라옵니다.

방금 하신 질문은 '대의가 반영된다'는 것이 또 어떻게 확인될 수 있는가라는 또 다른 의문을 낳기도 하네요. 그래서 조금 더 자극적으로 표현하면, '민주주의가 가능한가?'라는 문제를 수학적으로 풀어봅시다.

어느 학교에서 학생회장을 뽑는다고 가정해봅시다. 총 5명의 후보, A, B, C, D, E. 그리고 투표권을 가진 사람이 총 55명이 참여했습니다.

순위	선호후보	선호후보	선호후보	선호후보	선호후보	선호후보
1	A	B	C	D	E	E
2	D	E	B	C	B	C
3	E	D	E	E	D	D
4	C	C	D	B	C	B
5	B	A	A	A	A	A
총 투표수	18	12	10	9	4	2

이들이 투표한 결과가 이와 같이 나왔습니다. 우리에게 익숙한 투표 결과와는 좀 다르죠? 이는 바로 선호도 조사입니다. 사회결정 이론에서는 이 모델을 많이 사용하는데요, 각 투표용지마다 순위를 적는 겁니다. 각 유권자가 갖고 있는 후보의 선호도에 따라 1위부터 5위까지 순위를 매기는 것이죠. 이 표는 A, D, E, C, B의 순서로 선호도를 매긴 표가 18개가 나왔고, B, E, D, C, A의 순서로 매긴 표가 12개 나왔다는 것을 의미합니다. 현실적으로 나올 수 있는 투표 결과보다 훨씬 단순한 자료인데도 문제가 복잡해 보이지요? 그리고 문제가 더 복잡해질 수 있다는 것을 암시하기도 합니다. 만약 이게 대선이었다면 이 선호도 표에서는 누가 뽑혔을까요?

우리에게 투표란 보통 1위만 보여주는 것이 익숙합니다. 상품을 고를 때는 물론이고, 대통령이나 국회의원 선거에서도 사실 후보마다 사람들에게 저마다의 선호도라는 게 있을 텐데, 투표는 늘 1인만 뽑습니다. 가령 대선 같은 경우는 A가 이겼을 것 같습니다.

네, 다수결 선거의 승자는 A입니다. 하나의 의제에 대해서도 정당마다 다양한 정책을 가지고 있는데, 한 정당 안에 있는 다양한 정책들에 대해서도 뭐가 나쁘고 좋은지를 판단하는 선호도가 있기 마련입니다. 투표란 이런 것을 모두 종합하여 고려한 다음에 하는 것이죠. 그런데 당장 이 표를 봐도 A가 이기는 게 합당하지 않다는 생각이 들지 않나요? 표를 보면 6가지 경우의 수가 나왔는데 과연 누가 뽑혀야 한다고 생각하세요?

실제로는 결선 투표를 한다고 해도 A, D가 붙을 텐데, 다른 표를 보면 A가 선호도 꼴찌에 5번이나 들어갔습니다. 만약 선호도로만 보면 A는 제외되어야 할 것 같습니다.

그렇게 따지면 B도 선호도가 가장 낮고 E가 평균적으로는 가장 높아 보입니다.

지금 주신 답변 안에도 여러 가지 가능성이 있습니다. 가장 간단하게 생각할 수 있는 방법은 단순다수대표제입니다. 단순다수대표제는 그냥 표를 가장 많이 받은, 그러니까 나머지 정보는 생략하고 1위에 대한 정보만 반영이 되는 겁니다. 가장 간단하긴 하지만, 이미 1위 외에 다른 정보를 접하고 보니 다수결 방식에도 문제가 있는 것 같잖아요, 그렇죠? 다수결 방식의 편리성에도 불구하고 문제성이 지적된 지는 굉장히 오래되었습니다. 이미 18세기부터 다양한 학자들이 여러 종류의 시스템을 생각했죠. 한 번 다른 선거 방식을 제안해보시겠어요? 어떤 방법이 있을까요?

미국처럼 많은 주州에서 우승하는 사람을 뽑는 방법도 있겠죠? 아니면 선호도마다 점수를 매겨서 총점으로 뽑는 방법도 있을 것 같습니다.

그것도 가능한 방법입니다. 가령 1위에 가장 많은 점수를 주고, 2위는 그보다 적은 점수를 주는 식으로 해서 선호도에 점수를 매기는 방법이죠. 이것도 18세기에 떠올렸던 방식입니다. 프랑스 수학자이자 물리학자, 정치학자인 장 샤를 드 보르다Jean Charles Borda라는 사람이 처음 제안했습니다. 그가 제안한 방식 보르다 투표Borda Count Method는 n명의 후보가 있다고 가정했을 때 1위를 받은 사람에게 n-1점을 주고, 2위를 받은 사람에게는 n-2점, 이런 식으로 쭉 내려가며 계산하는 방식입니다.

보르다의 방식을 쓰면 누가 이기게 되는지 다시 한 번 표를 살펴볼까요? 이 상황에서는 1위는 4점, 2위는 3점, 3위는 2점, 4위는 1점을 받습니다. 첫 번째 열에서 점수만 더해서 보면 72점인데, 그런데 나머지 열에서는 다 0점이잖아요. A는 총점이 72점이에요. 자, 총 결과를 봅시다.

A 72+0+0+0+0=72점

B 48+42+11=101점

C 40+33+34=107점

D 36+54+36+10=136점

E 24+36+74=134점

직관적으로 선호도 평균 상위라고 생각했던 E가 D에게 지는 결과가 나오네요. 그런데 D와 E의 점수 차가 거의 나지 않기 때문에 D나 E의 차이를 이것으로만 구분하기는 어렵습니다.

그리고 놀라운 건, 다수결로는 1위로 뽑혔던 A가 여기서는 꼴찌가 되었습니다. 여기서 질문을 해볼 수 있죠. 이것이 적당한 방법인가? 그 질문에 대해 답하기 전에 이제 세 번째 방법을 찾아봅시다. 프랑스처럼 결선제로 뽑아볼까요? 결선제에서는 처음에 투표를 하고 나서 1명이 과반수가 나오면 더 이상 결과가 바뀌지 않으므로 다시 투표할 필요가 없습니다. 그런데 과반수가 안 나오면 어떻게 해야죠?

과반수가 나오지 않으면 다른 후보는 제거한 다음 1, 2위만 결선 투표를 다시 합니다.

여기서는 선호도표가 있기 때문에 다시 투표를 할 필요는 없겠습니다. 그럼, 결선 제도로 하면 일단 누가 제외되죠?

결선제에서는 1위만 보기 때문에 다른 선호도 표는 고려하지 않고 C, D, E를 제외하고 A와 B가 결선에 오릅니다.

순위	선호후보	선호후보	선호후보	선호후보	선호후보	선호후보
1	A	B				
2			B		B	
3						
4				B		B
5	B	A	A	A	A	A
총 투표수	18	12	10	9	4	2

그런데 C, D, E를 다 제외하고 나서 결선을 치러보니, 대부분의 선호도 표에서 사람들이 A보다 B를 좋아합니다. 37:18로 B가 굉장히 크게 이기게 됩니다.

보르다의 방식에서는 B가 절대 이길 수 없었는데 여기

서는 압승입니다. 그런데 결선제에서는 선두 후보 둘을 놓고 다시 투표하지 않나요?

그렇죠. 하지만 사실 결선제와 선호도표는 근본적으로는 차이가 없습니다. 왜냐하면, 다시 투표를 해도 많은 사람이 이미 A보다 B를 저렇게 좋아한다고 했으니까 투표 결과도 같으리라 가정한 것이지요.

결선제를 조금 더 섬세하게 발전시킨 '순차적 결선제'라는 것도 있습니다. 순차적 결선제는 과반수가 나오지 않았을 때 후보를 다 제거하지 않고 꼴찌만 제거한 다음, 남은 후보로 또 투표를 하는 방식입니다. 과반수가 나올 때까지요. 순차적 결선제로는 과연 누가 뽑힐까요?

이때는 선호도표에서 일단 누가 1위를 많이 받았나를 보면 됩니다. 첫 번째 결과에서 1위를 6표로 가장 적게 받은 E가 제일 먼저 제외됩니다. 두 번째 라운드에서는 E를 지운 자리에 그 다음 순위자들이 1위로 올라오면서 1위 표의 갯수가 바뀝니다.

순위	선호후보	선호후보	선호후보	선호후보	선호후보	선호후보
1	A	B	C	D		
2	D		B	C	B	C
3		D			D	D
4	C	C	D	B	C	B
5	B	A	A	A	A	A
총 투표수	18	12	10	9	4	2

A는 18표, B는 12표, C는 12표, D는 9표가 나오네요. 이제 A, B, C만 남았는데 다음과 같은 결과가 나옵니다.

순위	선호후보	선호후보	선호후보	선호후보	선호후보	선호후보
1	A	B	C			
2			B	C	B	C
3						
4	C	C		B	C	B
5	B	A	A	A	A	A
총 투표수	18	12	10	9	4	2

A가 18표, B가 16표, C가 21표가 나와 거의 분명해졌지

만 아직 과반수가 넘지 않았으니 끝낼 수 없습니다. 그래서 B를 제거하면 C가 우승하게 됩니다.

이렇게 하면 투표 방식마다 결과가 너무 다릅니다. 가장 흔히 사용하는 다수결을 사용하면 A가 이기고, 보르다의 방식대로 하면 D가 이기고, 결선제를 사용하면 B가 이기고, 순차적 결선제는 C가 이깁니다. 처음에 꼽았던 E는 아직 한 번도 못 이겼습니다.

니콜라 드 콩도르세Nicola de Condorcet라는 사람이 만든 투표 방식을 이용하면 또 다른 결과가 나옵니다. 그는 정치학의 역사에서 굉장히 중요한 인물로, 민주주의라는 개념에 매우 큰 영향을 미쳤고, 무상 의무교육을 주장한 계몽주의자이기도 합니다. 그가 제시한 콩도르세 방법론은 여러 명의 후보 가운데 각각 2명씩 비교를 하는 거예요. 그러니까 A와 B를 비교해서 둘 중 하나에 투표를 하는 거죠. 다른말로 쌍벌비교pairwise comparison 또는 짝비교라고도 부릅니다. 서로 다른 두 집단 간의 평균 차에 대한 비교를 할 때 짝비교를 합니다. 이것도 한 번 해보면 금방 이해가 갑니다. A부터 E까지 5명의 선호도표를 보면서 짝비교를 해봅시다. 5명의 후보가 각각의 후보와 한 번씩 짝비교를 하려면 몇 번 투표를 해야 할까요?

5×4÷2= 10번의 투표를 합니다.

순위	선호후보	선호후보	선호후보	선호후보	선호후보	선호후보
1	A	B	C	D	E	E
2	D	E	B	C	B	C
3	E	D	E	E	D	D
4	C	C	D	B	C	B
5	B	A	A	A	A	A
총 투표수	18	12	10	9	4	2

편의를 위해 선호도표를 한 번 더 봅시다. A와 B를 먼저 비교해보면 누가 이길까요? 다른 사람들은 다 제거하고 두 사람만 비교하는 겁니다. A를 B보다 좋아하는 사람은 18명밖에 없죠. A 대 B로 하면, 18:37로 압도적으로 B가 이깁니다.

A는 일대일로 비교하면 다 지게 되어 있습니다.

그럼 A를 제외하고 B 대 C를 비교해봅시다. C를 선호하는 투표는 18+10+9+2=39로, C가 B를 이깁니다. C와 D를 비교하면 D가 43표로 D가 이기고, D와 E를 비교하면 27:28로 매우 가깝지만 E가 이깁니다. E가 꽤 우세해 보이는군요.

E:A=37:18

E:B=33:22

E:C=36:19

E:D=28:27

위의 결과로 보면 일대일로 비교할 때 누구와 비교하든 E를 더 선호하니 E가 이기게 됩니다. 상당히 설득력이 있는 논리 아닌가요? 이처럼 누구와 비교해도 이기는 후보가 나오는 경우 '콩도르세의 후보'라고 부릅니다. 그래서 콩도르세의 원리를 '콩도르세 후보가 있으면 그가 이겨야 한다'라고 표현하기도 합니다.

승리하는 경우의 수가 몇 개인가가 중요한 경우인가요? 일대일 비교를 했을 때 선호를 받는 후보가 있으면, 그 사람이 이겨야 한다는 것인데, 그런 후보가 과연 있을까요? 안 나올 수도 있는 거잖아요?

중요한 지적입니다. 사실 콩도르세의 방법은 방법론이라고 하긴 어렵습니다. 투표를 하면 승자가 나와야 하는데, 승자가 나오지 않을 수도 있기 때문입니다. 다음이 바로 그 예입니다.

순위	선호후보	선호후보	선호후보	선호후보	선호후보	선호후보	선호후보
1	A	B	B	C	C	D	E
2	D	A	A	B	D	A	C
3	C	C	D	A	A	E	D
4	B	D	E	D	B	C	B
5	E	E	C	E	E	B	A
총 투표수	2	6	4	1	1	4	4

A:B=7:15, A:C=16:6, A:D=13:9, A:E=18:4,

B:C=10:12,B:D=11:11, B:E=14:8,

C:D=12:10, C:E=10:12, D:E=18:4

이렇게 짝비교를 해보면 다음과 같습니다.

A〈B　A〉C　A〉D　A〉E

B〉A　B〈C　B=D　B〉E

C〈A　C〉B　C〉D　C〈E

D〈A　D=B　D〈C　D〉E

E〈A　E〈B　E〉C　E〈D

누구와 비교해도 완전히 이기는 후보는 없습니다. 콩도르세의 후보가 없는 거죠. 그래서 이건 방법론으로 생각할 수는 없고, 이 아이디어에 착안하여 약간의 계산을 통해 방법론으로 만들어낼 수는 있습니다. 축구 경기처럼 일대일로 붙을 때마다 점수를 매기는 겁니다. 승자는 1점, 패자는 0점, 무승부일 때는 0.5점과 같은 식으로 점수를 배정하는 거죠. '계산 콩도르세의 방법'이라고 이름붙일 수 있습니다. 앞의 표에서 A가 몇 번 이겼죠? C, D, E한테 이겼으니까 3점이거든요. 이런 식으로 계산을 하다보면 점수가 나옵니다.

A 3점

B 2.5점

C 2점

D 1.5점

E 1점

스포츠로 치면 점수제와 비슷해 보이는데, 이 방식에 결점은 없나요?

그냥 결과만 봐서는 예측하기 어려운 결점이 하나 있습니다. 바로 후보가 사퇴했을 경우입니다. 가령 똑같은 투표를 했는데 C가 갑자기 사퇴를 했다고 생각해봅시다. C를 표에서 제거했습니다.

순위	선호후보	선호후보	선호후보	선호후보	선호후보	선호후보	선호후보
1	A	B	B			D	E
2	D	A	A	B	D	A	
3			D	A	A	E	D
4	B	D	E	D	B		B
5	E	E		E	E	B	A
총 투표수	2	6	4	1	1	4	4

점수를 계산해보면 아까하고 선호도는 똑같지만 A가 2점, B가 2.5점, D가 1.5점, E가 0점으로 바뀌었습니다. 왜 바뀌었는지는 이해가 되죠? 왜냐하면, A가 아까 1점을 더 받은 이유가 C를 이겼기 때문입니다. 그런데 C가 빠지니 A의 점수가 깎여버린 것입니다.

C가 빠지면 B가 이기게 됩니다.

개선된 콩도르세의 방법은 결국 여러 사람의 선호도를 마치 한 개인의 선호도처럼 간주하고 있습니다. 경제학적인 용어를 쓰자면, 국가를 법인으로 생각하고 있는 거죠. 법인은 여러 사람의 의사를 하나의 결정으로 만드는 과정을 거쳐 결정을 합니다. 만약 개인의 선호도를 따진다면 C가 빠진다고 해서 갑자기 B가 제일 좋아지진 않을 테죠. 그러니까 이 투표법은 개인의 결정이라 가정하면 결과적으로 말이 되지 않습니다. 국가가 모든 사람의 의견을 수렴한 일종의 법인이라는 관점에서 보면, 이 투표법에는 결점이 있죠.

이 방법론은 선택을 하기 위한 방법론이 되기는 어려울 것 같아요. 사실 지금까지 말씀하신 여러 방법론들마다 골치 아픈 결점들이 있는 듯 보입니다.

그렇습니다. 사회결정 문제가 그만큼 복잡하다는 것이 수학적으로도 드러납니다. 하지만 조금 더 고민해보면, 이는 사실 사회결정의 문제뿐 아니라 개인이 결정을 할 때도 마찬가지입니다. 이 관점에서 보면 저게 좋을 것 같고, 저 관점에서는 이게 좋을 것 같고… 여러 결정에 영향을 줄 만한 요인들을 객관적으로 고려하여 수렴해서 결정을 하더라도, 여러 개인의 선호도로부터 사회적 결정을 해야 하는 문제와 큰 차이가 없기도 합니다.

이런 결점에도 여러 개인의 선호도와 다양한 결정 요소들을 합쳐서 공동 결정을 내리는 방법으로써 사회선택 이론에 대한 과학적 연구가 오랜 세월을 거쳐 거듭되었습니다.

사회선택 이론은 신분제가 무너지고 민주주의가 발전하는 과정에서 나타났다고 합니다. 그 배경에는 산업혁명이 있다고 알고 있습니다. 이런 방법론이 만들어진 건 시대적 배경의 영향이 컸겠지요?

앞에서 이야기했듯, 1700년대 모든 현상, 경제, 과학, 사회 현상의 배경에서 가장 큰 아이디어가 된 것은 바로 계몽주의였습니다. 이성, 과학, 논리, 지식 등을 가지고 지혜롭게 결정할 수 있다는 믿음이 생겨난 것이죠. 콩도르세나 바르도 등이 제안한 방법들도 수학적이고 과학적이며 추상적인 사고가 반영된 아이디어였습니다. 한편 계몽주의 시대의 대표적인 사상가 임마누엘 칸트 등의 이론에서 볼 수 있듯이 도덕과 윤리를 둘러싼 체계적인 원론도 굉장히 활발하게 만들어지고 있었습니다. 그런데 그런 사상가는 이성과 논리를 중시하면서도 사회적 결정을 논할 때는 어떤 원초적인 윤리적 형이상학을 반영해야 한다고 생각했습니다. 특히 공리주의나 비슷한 종류의 결과주의는 상당히 완고하게 부정했다고 합니다. 칸트가 쓴 〈계몽주의란 무엇인가에 대한 답변〉이라는 짧은 글에는 민주주의에 대한 감수성이 굉장히 잘 드러나죠. 그는 논리와 이성을 통해 전통적인 시스템의 제약에서 벗어날 수 있다고 믿었지만 동시에 윤리라는 것이 민주적으로 결정되는 것은 아니라고 생각했습니다.

사회결정에 대한 과학적인 시각이 성숙해진 것은 20세기 중반에 이르러서입니다. 이때 어떤 윤리 시스템을 먼저 만들고 나서 사회결정을 하는 것이 아니라, 우선 이론적인 입장에서 조건들을 한번 나열해보자는 아이디어가 등장했습니다. 세세한 방법론을 만드는 것보다 우선 그런 방법론이 가져야만 하는 성질이 무엇인가를 살펴보는 것이 중요하다고 생각하게 된 것이었습니다. 가령 뉴턴이 운동을 제약하는 조건들이 무엇인가라는 질문에서부터 '움직이고 있는 물체는 가만히 놔두면 계속 움직인다'는 1법칙, '물체가 힘을 받으면 힘에 비례해서 속도에 변화가 일어난다'는 2법칙, '한 물체가 다른 물체에 힘을 가하면 힘을 받은 물체도 힘을 가한 물체와 같은 양의 힘을 반대 방향으로 가하게 된다'는 3법칙을 만든 것처럼 말입니다. 매우 단순해 보이는 뉴턴의 이 3법칙을 통해, 공을 던지면 어떤 궤적을 따라 나가는가 같은 문제부터 시작해 행성들은 어떤 궤적을 따라서 태양을 돌아가는가의 문제까지, 운동하는 물체의 정확한 궤도를 찾아낼 수 있었습니다. 그리고 이 3개의 요구 조건은 이후 과학적인 방법론에 강력한 영향력을 가진 시스템이 되었습니다.

사회선택 이론도 마찬가지였습니다. 1950년대, 사회결정 시스템이 가져야만 하는 굉장히 간단한 조건, 누가 보더라도 이해 가능한 원리 3개가 만들어졌습니다. 방법론이 아니라 원리를 나열한 것이죠. 첫째는 바로 의견일치Consensus의 원리입니다. 모든 사람이 나와 같은 생각을 한다는 것이죠. 이 첫째 원칙은 사실 너무도 당연합니다. 만약 모든 사람이 A를 B보다 선호한다면, 공동 결정도 역시 A를 B보다 선호해야 하겠지요?

둘째 원칙은 무엇입니까?

둘째 원칙은 아까 '계산 콩도르세의 방법론'에서부터 출발하는 것으로, 독립성의 원리입니다. 그러니까 A와 B의 선호도 결과를 둘만 비교하더라도 알 수 있어야 하며, 다른 후보의 유무에 따라 결과가 바뀌면 안 된다는 것입니다. C가 있을 때는 E가 이겼는데 C가 없다고 B가 이기는 상황으로 바뀐다면 사회가 개인의 합의라는 아이디어에 위배됩니다.

그런데 실제 선거에서는 셋째 후보의 유무에 따라서 결과가 바뀌는 일이 많습니다. 한 후보가 사퇴했을 때 전혀 다른 후보에게 표를 던지는 경우가 그렇습니다.

그렇습니다. 그런데 이 원리의 바탕에는 사회를 일종의 법인으로 생각하는 시각이 있습니다. 물론 투표에서 표가 갈리는 현상이 생길지언정 A와 B 사이의 선호도가 다른 후보에게 의존한다는 것은 이상하다는 것이지요. 따라서 A와 B 사이의 선호는 개인적으로나 사회적으로나 A와 B 사이의 비교에만 의존해야 한다는 뜻입니다.

마지막 원칙은 어느 한 개인의 의견이 항상 사회결정으로 반영되는 상황이 있으면 안 된다는 것입니다. 투표를 좌지우지하는 '독재자는 존재하지 않는다.' 이 원칙은 분명하게 이해됩니다.

의견일치의 원리, 독립성의 원리, 독재자는 존재하지 않는다. 지금 말한 이 사회선택의 3원리는 우리가 합당하게 이성적이라고 느끼는 방법론의 제약 조건입니다. 이 원칙만 잘 생각하면 모두를 만족시키는 방법론을 만들 수 있을 것 같습니다. 앞에서 살펴본 다양한 방법론 중에서도 이 3원리에 위배되는가를 기준으로 삼아 하나씩 방법론을 제거하다 보면 가장 적당한 방법론이 나올 것 같습니다.

바로 이 3원리를 만들어낸 사람이 1972년 노벨경제학상을 받은 케네스 애로Kenneth Joseph Arrow입니다. 사회선택 이론에 가장 중요한 기반이 되는 '애로의 정리'를 만들었죠. 사회선택 이론의 새로운 패러다임을 만든 창시자라 불러도 좋을 겁니다. 그런데 불행하게도 이 애로의 정리가 이야기하는 바는 '답이 없다'는 사실이었습니다.

> 후보가 적어도 3명이 있는 선거에서는 이 원칙을 만족하는 방법론이 없다.

그래서 그의 정리를 '불가능성의 정리'라고도 부릅니다. 그 증명은 이 자리에서 얘기하진 않겠습니다만, 이 세 조건을 다 만족하는 시스템이 있다고 가정하면, 모순이 일어날 수밖에 없다는 것이 기본적인 아이디어입니다. 그 모순의 근원은 가령 A보다 B를 좋아하고, B보다 C를 좋아하고, C보다 A가 좋으면 서열을 만들 수 없다는, 단순한 시나리오에 있습니다. 이 사실도 흥미롭습니다.

사회선택이란 것은 민주주의에서 굉장히 중요한 의제인데, 그 어떤 방법론도 '요구 조건'을 모두 만족시킬 수 없다는 것인가요? 그렇다면 이미 불가능하다는 것이 증명된 사회선택 이론을 그 이후로 어떻게 더 발전시킬 수 있었습니까?

그렇게 생각할 수도 있습니다. 하지만 과학적인 시각에서 보면 이건 끝난 문제가 아닙니다. 제한이 어디에 있는가를 발견하고 나서 점차 그 제한을 극복할 방법을 찾는 것이 바로 과학적-수학적 사고방식입니다. 이는 이론적인 문제만은 아닙니다. 사회적인 결정은 항상 내려야 하기 때문입니다.

약간 피상적일 수도 있지만, 이 '요구 조건'이라는 문제를 방정식과도 비교해볼 수 있습니다. 변수 x, y를 이용한 x+y=1이라는 식이 있는데, x와 y를 구하라고 하면 답을 풀 수 있나요?

일단 답이 될 수 있는 게 너무 많습니다.

그런데 여기에 x-y=1이라는 조건을 추가하면 어떻게 되나요?

$x+y=1,\ x-y=1$

$y=x-1$

$2y=0$

$x=1,\ y=0$. 하나의 해가 나옵니다.

방정식 2개를 구해보면 해가 하나밖에 없죠. 여기 $x+2y=0$이라는 방정식 하나를 더 추가하면요?

$x+y=1,\ x-y=1,\ x+2y=0$

앞의 두 식을 만족하는 해 $x=1, y=0$를 가지고 세 번째 방정식을 풀면 만족하는 해가 없습니다. '방정식 3개를 만족시키는 답은 없다'가 답입니다.

그렇습니다. '해가 없다'가 답입니다. 방정식이 하나일 때는 해가 무한히 많았고 그리고 방정식이 2개일 때는 해가 정확히 하나 있었고, 3개가 되니 만족시키는 해가 없습니다.

대체로 2개 방정식일 때는 해가 유일하고, 3번째 방정식을 임의로 주었을 때는 만족하는 해가 없다는 것이 일반적으로 많이 나타나는 경우입니다. 물론 어떤 방정식이냐에 따라 방정식이 3개라도 만족하는 답이 있을 수 있습니다. 운동법칙과 사회선택을 얘기하다가 갑자기 방정식 얘기로 빠졌죠. 어떤 비교를 하려는 건지 이해하시나요?

수학의 입장에서 보면 뉴턴의 법칙은 3개를 다 만족하는 방정식의 해를 찾은 경우고, 사회선택 법칙은 없는 경우인가요?

운동법칙과 사회선택 법칙은 자연 현상을 묘사하고 예측하고 있습니다. 예측하고 싶은 자연 현상은 변수입니다. 해를 어떻게 구할까 생각하다가 '조건을 만들면, 제약 조건이 주어지면, 진짜 법칙에 가까워지지 않을까'라는 생각으로 발전합니다. 뉴턴의 경우에는 3개의 방정식, 즉 제약 조건을 만들었고, 이 제약 조건을 만족하는 역학은 하나밖에 없었습니다. 3개의 법칙은 3개의 방정식과 같습니다. 다만 애로의 경우 사회선택 방법론이라는 변수를 찾으려고 했는데 사회선택 법칙이라는 3개의 방정식을 주니 그 제약 조건을 모두 만족하는 방법론이 없었습니다. 해가 없었던 겁니다.

그러면 어떻게 해야 할까요? 투표의 방법론은 무엇이 입력되든 결과가 나오는 일종의 기계 같이 생각할 수 있습니다. 그 기계의 절차는 아마 이런 것이겠죠.

각 개인의 선호도 → 투표 방법론 → 사회 선호도

각 개인의 선호도를 입력하면 사회의 선호도를 출력해 주는 것입니다. 사회선택의 3원리는 우리 입장에서 이 기계가 가지고 있기를 바라는 성능인데, 애로는 그런 성능 좋은 기계는 없다고 말하고 있는 겁니다. 하지만 그럼에도 결정을 내려야 한다면? 혹은 나은 방법론을 만들고 싶다면? 그러면 그냥 문제가 될 만한 입력을 제거해버릴까요? 그러면 간단하겠지만 민주주의 체제 아래서는 어떤 종류의 투표 결과를 미리 불법화할 수는 없습니다. 그러면 어떤 해결 방법이 있을까요?

모순을 일으킬 만한 입력이 확률적으로 적은 기계를 만들 수는 없을까요?

굉장히 극단적인 경우에는 문제가 일어날 수도 있지만, 문제가 발생할 확률이 낮은 기계, 이런 기계를 발명하는 것이 바로 새로운 연구의 목표가 될 수 있겠지요. 바로 이런 것들이 연구의 시작입니다. '불가능성의 정리'가 중요한 이유가 바로 여기 있습니다. 불가능성의 제약으로부터 시작해서 어떤 연구를 할 수 있는가를 따져나갈 수 있다는 겁니다. 다시 말해 전체적으로는 임의의 입력을 사용하면 모순이 일어나지만, 어떤 방법론은 모순이 일어날 만한 확률이 아주 적다면 그 방법론을 사용하도록 권할 수 있겠지요. 이처럼 실용적인 해결책을 만드는 연구는 많이 있습니다.

애로 이후로 사회복지 이론에서 결정적인 역할을 한 논문이 있습니다. 아마르티아 센Amartya Sen의 《집단적 선택과 사회복지Collective Choice and Social Welfare》입니다. 센이 노벨 경제학상을 수상할 때 주 업적으로 언급되었던 이 책에 등장하는 내용들은 재밌게도 굉장히 수학적인 경제 이론입니다. 옥스퍼드대 학생들에게는 이 논문을 직접 읽혔습니다만, 우리는 구경만 해도 됩니다. 다음 페이지에 수록된 그림은 논문의 일부입니다. 어떠세요?

사회복지에 대한 내용이라고 하는데, 온통 수식밖엔 없습니다. 어떻게 읽어야 하는지도 모르겠습니다.

센 같은 사회복지 이론의 대표 연구자의 논문은 거의 이렇습니다. 이는 '애로의 불가능성의 증명'이라는 이론의 틀이 없다면 나올 수 없을 겁니다. 답을 당장 찾을 수 없더라도 어떤 답이 조건에 부합하는지 명료하게 살펴볼 때, 그로부터 발생되는 제약을 이해하고 비판하는 과정에서 굉장히 새로운 학문 분야, 연구 방향, 혁명적인 시각이 태어납니다.

틀이라는 개념은 마치 진리가 있을 것 같지만 사실 없는 경우에도, 그것을 찾기 위해 어떤 가정을 하고 체계화하는 걸 말씀하시는 거죠? 그걸 과학적인 용어로는 뭐라고 표현할 수 있을까요?

$$D(x, y) \rightarrow \bar{D}(z, y) \tag{2}$$

Interchanging y and z in (2), we can similarly show

$$D(x, z) \rightarrow \bar{D}(y, z) \tag{3}$$

By putting x in place of z, z in place of y, and y in place of x, we obtain from (1),

$$D(y, z) \rightarrow \bar{D}(y, x) \tag{4}$$

Now,

$$\begin{aligned} D(x, y) &\rightarrow \bar{D}(x, z), \quad \text{from (1)} \\ &\rightarrow D(x, z), \quad \text{from Definitions 3*2 and 3*3} \\ &\rightarrow \bar{D}(y, z), \quad \text{from (3)} \\ &\rightarrow D(y, z), \\ &\rightarrow \bar{D}(y, x), \quad \text{from (4)} \end{aligned}$$

Therefore,

$$D(x, y) \rightarrow \bar{D}(y, x) \tag{5}$$

By interchanging x and y in (1), (2) and (5), we get

$$D(y, x) \rightarrow [\bar{D}(y, z) \;\&\; \bar{D}(z, x) \;\&\; \bar{D}(x, y)] \tag{6}$$

Now,

$$\begin{aligned} D(x, y) &\rightarrow \bar{D}(y, x), \text{ from (5)} \\ &\rightarrow D(y, x) \end{aligned}$$

Hence from (6), we have

$$D(x, y) \rightarrow [\bar{D}(y, z) \;\&\; \bar{D}(z, x) \;\&\; \bar{D}(x, y)] \tag{7}$$

이를 '공리화'라고 부릅니다. 뉴턴의 경우도 3가지 조건을 모두 공리로 생각하고 거기서부터 추론을 한 결과, 강력하고 실용적인 고전 역학을 탄생시킬 수 있었습니다. 애로의 3원리 역시 공리로 생각할 수 있는데, 다만 공리를 만족하는 게 없다는 게 답이었습니다. 그럼에도 공리를 표명하는 것 자체가 굉장히 중요했죠. 정확히 무엇을 비판해야 하는가에 대한 조명도 되고, 어떤 식으로 바꿔야 되는가에 대한 연구도 하고, 법칙을 재정리할 수 있게 되었기 때문이죠.

'애로의 불가능성의 정리'는 오늘날까지 많은 영향을 미치고 있습니다. 지금도 애로의 정리를 개선하려는 연구가 많이 진행되고 있죠. 그런가 하면 애로의 원리 자체에 대한 비판도 꽤 많아요. 애로의 3가지 원리 중 무엇에 대한 비판인지 혹시 짐작하시겠어요?

가장 쉽게 생각하면, 두 번째 원리인 독립성의 원리가 조금 의문입니다. A와 B라는 후보 사이의 선호도에 C라는 후보의 존재가 영향을 미쳐서는 안 된다고 했는데, 결선제 같은 투표 방법에서는 충분히 선호가 바뀔 수 있다고 앞에서 언급하셨습니다.

네, 애로의 법칙에서는 선호도는 바뀌지 않는다는 것을 가정하고 있지요. 조금 더 구체적으로 생각해볼까요. 개인이 무언가를 결정할 때는 굉장히 많은 다른 성향들을 종합해서 결정을 내립니다. 결정을 할 때 세 번째 다른 대안이 있느냐 없느냐에 따라 A와 B의 선호도가 바뀌는 개인의 결정 상황의 예를 떠올려볼 수 있겠어요?

행동경제학에서 이야기하는 사례가 떠오릅니다. 팔리지도 않을 고가의 와인이 메뉴판에 있는 이유를 설명할 때입니다. 만약 A와 B 두 와인만 있을 경우, 가성비를 생각해 합리적으로 가격이 저렴한 A를 선택합니다. 그런데 아무도 선택하지 않을 고가의 C 와인이 메뉴판에 있으면, 사람들은 가성비와 관계없이 중간쯤 가격인 B 와인을 선택하게 된다는 겁니다. 이럴 때 C의 존재 때문에 합리적인 선택이 작용하지 않는다는 것이죠.

정확한 지적입니다. 그게 첫 번째 비판입니다. 개인의 결정 역시 항상 영향을 받는다는 것입니다. 그래서 이후 학자들은 이를 다른 원리로 바꾸려고 많이 노력했습니다. 뉴턴의 운동법칙, 상대성 이론, 양자역학과 같은 이론이 계속해서 진화한 것처럼, 애로의 사회선택 이론도 조금씩 진화하는 과정을 겪었습니다. 사실 뉴턴의 운동법칙도 그 자체만으로는 모순을 일으킨다는 관찰을 통해 상대성 이론을 낳기도 했죠.

수학사에는 틀린 증명과 틀린 정리가 굉장히 많습니다. 그런데 오히려 그 수많은 실패가 현상을 이해하게 하는 데 더 큰 도움을 주곤 합니다. 우리에게 주어진 제약이 무엇인가를 확인하게 하기 때문입니다. '애로의 불가능성 정리' 역시 제한점을 마련하고, 거기서 끝난 것이 아니라 이후 연구자들에게 지표가 되어주었습니다. 한편으로는 사회선택 이론에 대한 다양한 비판에도 불구하고 이 이론을 사회복지 영역에도 적용하는 등 다양한 분야에 적용을 할 수도 있었죠. 중요한 것은 이 이론이 윤리적인 시스템에 전혀 의존하지 않는다는 것입니다. 민주적인 관점이든 이성적인 관점이든, 모든 사람들이 받아들일 수 있는 원칙, 공리로부터 시작하고 있습니다.

애로의 정리를 통해 다양한 방법론들에 담긴 모순을 따져볼 수 있었습니다. 또 불가능성 정리를 통해 수학적 사고로 사회를 보는 시각이란 어떤 것인가를 생각해볼 수 있었습니다. 사회선택 이론은 수가 거의 적용되지 않는 이론임에도 수학적인 이론이라는 점이 흥미롭습니다.

수학적인 사고가 사회에 어떻게 적용되느냐는 질문에 답할 때, 수라는 개념 안에서만 생각한다면 굉장히 제한적인 관점이 될 수밖에 없습니다. 제 생각에 건전한 과학적 시각이란 '근사approximation'해가는 과정이라는 걸 처음부터 받아들이는 것입니다. 완벽하게 할 수 없다고 해서 포기하기보다는, 제한적인 조건 속에서 이해할 수 있는 현상이 있다는 것을 받아들이는 겁니다. 나중에 뒤집어지더라도 현재의 조건 안에서 이해해나가는 것이죠. 애로의 경우도, 뉴턴의 경우도 그렇다고 생각합니다. 근사해가는 과정, 항상 바꿀 수 있는 것, 그리고 섬세하게 만들어가는 과정 자체를 학문이라고 생각해볼 수도 있을 겁니다.

5강

답이 있을 때, 찾을 수 있는가

수학이 수만을 공부하는 것이 아니라는 이야기를 이제는 수긍할 수 있을 겁니다. 그런데 수학적 사고가 무엇인가, 어떻게 설명할 것인가는 수학자들 사이에서도 중대한 관심사입니다. 대부분 수학자는 교육자이기도 하기 때문에 늘 고민하는 문제이지요. 교육적인 목적으로 수학의 특성을 설명하려고 한 시도 중에, 파급 효과가 굉장히 컸던 사례를 하나 이야기할까 합니다. 이 이야기는 어쩌면 일반인보다 수학자들에게 유용한 교훈을 담고 있을지도 모르겠습니다.

혹시 중매쟁이 하면 어떤 모습이 떠오르시나요? 이 두 그림을 봅시다. 위 그림은 17세기 네덜란드 화가 얀 반 비레르트가 표현한 중매쟁이이고, 아래 16세기 화가 라파엘로가 그린 큐피드도 일종의 중매쟁이였습니다.

세속적인 질문으로 시작해보겠습니다. '어떻게 해야 중매를 잘할 것인가.' 이것이 바로 우리의 관심사입니다. 어떻게 생각하세요? 중매를 한다고 할 때 어떤 요소들이 중요할까요? 후보들의 교육 수준, 집안, 문화, 이런 것들을 잘 맞춰야 하겠지요? 모두 고려할 사항입니다. 충분히 짜임새 있는 이론은 사회 문화적인 요소들을 세세히 감안할 수 있어야 합니다. 하지만 지금은 일단 단순하게 만든 중매 문제, '선호도'만을 감안한 짝짓기 문제를 다루겠습니다.

누가 누구를 좋아하느냐의 문제 외에 고려할 것이 없다면, 그냥 좋아하는 사람끼리 짝을 지어주면 되지 않을까요?

그럴 수도 있지요. 항상 그러듯이 간단한 예로부터 탐구하기 시작합시다. 투표 문제와 다소 비슷하게 기본적인 정보는 선호도표로 요약할 것입니다. 그러니까 남자는 여자들을 여자는 남자들을 선호도 순으로 나열하여 중매하는 우리에게 제출하는 겁니다. 가장 쉽게 남녀가 각자 2명 있는 상황에서 다음과 같이 선호도표가 4개 나왔습니다.

표 읽는 방법을 아시겠지요? 남자 1은 여자 A를 여자 B보다 좋아하고, 남자 2는 여자 B를 여자 A보다 좋아합니다. 이런 식으로 읽어갑니다. 이제 어떻게 짝지을까요?

{남자 1, 여자 A}, {남자 2, 여자 B} 이렇게 맺어주면 좋겠습니다. 말한 대로 그냥 좋아하는 사람끼리 짝짓는 것이지요.

그런데 문제는 현실에서는 이렇게 간단한 선호도표가 잘 나오지 않는다는 겁니다. 보통은 어떤 현상이 일어날까요? 생각해보니 다음과 같은 일이 더 많이 벌어지겠네요.

위의 표는 인기남과 인기녀가 있는 상황입니다. 남녀가 각각 2명씩만 있어도 보통은 이런 혼란을 겪을 겁니다. 자, 이제 어떻게 할까요? 2개의 가능성밖에 없죠? {남자 1, 여자 A}, {남자 2, 여자 B}로 하거나 {남자 1, 여자 B}, {남자 2, 여자 A}로 하거나. 그런데 이 2가지 방법 중 어느 쪽이 나은 짝짓기일까요?

이 상황에서는 정보가 더 필요한 것 같습니다.

정보는 더 없습니다.

그래도 {1, B}, {2, A} 쪽이 낫지 않을까요? 그러면 각 커플마다 한 명은 행복할 수 있습니다.

공리주의적인 관점을 제시했군요. 그런데 불행히도 공리주의로는 문제가 해결되지 않습니다. 왜냐하면 {1, A}, {2, B}로 해도 행복한 사람은 2명, {1, B}, {2, A}로 해도 행복한 사람은 2명이 나옵니다. 만족하는 개인의 수가 몇 명인지 봐도 두 방법이 똑같아 보입니다.

그런데 만족하는 쌍이 많은 것을 기준으로 삼으면 첫 번째 경우가 더 좋은 방법입니다.

만족하는 쌍이 생기는 것이 더 중요하다는 것. 아주 중요한 지적입니다. 그 아이디어를 발판으로 조금 더 체계적으로 생각해봅시다. 그런데 지금 다루는 질문에 대해 우리가 생각하고 있는 틀에서 보면 사실 정답이 있습니다. 그게 힌트입니다. 때로는 정답이 존재한다는 것만으로도 문제를 푸는 데 도움이 됩니다. 정답이 있다는 것이 조금 이상하게 들리죠? 사회적 여건이나 문화적인 요소, 윤리적인 기준 등이 작용하는 복잡한 문제일 텐데 말이죠. 이 문제를 풀 때 필요한 가정들이 이미 우리 대화에 들어 있습니다.

잊기 쉬운 첫째 가정은 우리가 누구의 입장이냐는 겁니다. 우리는 누구죠? 중매쟁이입니다. 그것이 중요합니다. 한번은 제가 중학생들을 대상으로 이 강의를 하는데 학생 하나가 {1, B}, {2, A}를 절대적으로 옹호했습니다. 그 이유를 물어본즉 "제가 남자 2이기 때문입니다." 이 말에 모두가 웃었지요. 그 입장에서는 이게 당연히 정답일 수 있습니다. 하지만 우리는 중매하는 입장입니다.

두 번째 가정은 사실 충분히 강조하지 않았는지도 모르겠습니다. 여기서 남자 2명과 여자 2명이 '반드시' 이 사람들 사이에서 짝을 찾아야 한다는 것입니다. 물론 현실과 비교하면 단순한 시나리오이지만, 이런 종류의 수학적인 모델은 더 복잡한 실제 상황에 영향을 미칠 수 있습니다.

이 가정들을 유의하면서 다시 문제를 살펴봅시다. 한 가지만 힌트를 더 드리면, 중매쟁이가 없는 자연 상태라면 보통 {남자 1, 여자 A}, {남자 2, 여자 B}가 될 것 같죠? 이를 두고 '끼리끼리 논다'고 기분 나쁘게 생각할 수도 있지만 자연적으로 많이 일어나는 현상은 그렇겠지요. 사실 중매쟁이에게는 자연스러운 짝짓기가 중요합니다. 왜 그런지 보기 위해서 그 반대 상황을 검사해보지요. 만약에 짝짓기를 {1, B}, {2, A}로 하면 어떤 현상이 일어날까요?

선호도를 엇갈려서 맞추면 둘 다 깨질 가능성이 높습니다. 남자 1과 여자 A가 현재 자기 짝이 싫어서 서로를 찾아가 바람을 피울 수도 있습니다.

그렇습니다. 그런데 {1, B}, {2, A}로 하면 남자 2와 여자 B가 자기 짝을 싫어하지 않을까요?

하지만 남자 2가 여자 A를 좋아해도 A가 자기를 싫어하기 때문에 바람피울 기회가 없습니다. 여자 B가 남자 1을 좋아하는 상황도 마찬가지입니다. 그래서 그냥 현재 짝에 머물러야 합니다.

좋은 분석입니다. 중매쟁이의 입장에서는 많은 짝이 성사되는 것이 중요합니다. 자기가 중매한 커플이 깨지는 것은 사업에 나쁜 영향을 미치겠죠. 그래서 우리, 중매쟁이 입장에서는 {남자 1, 여자 B}, {남자 2, 여자 A}가 정답입니다. 이 논리는 우리의 단순한 가정 외에는 어떤 정보도 필요가 없습니다.

아주 간단한 경우를 보았는데요, 남녀가 2명씩만 있는데도 이미 뭔가 수학적 사고가 필요한 것 같죠. 3명이 있으면 어떻게 될까요? 여태까지 이 문제로 넘어올 때마다 학생들을 포함해 모든 사람들이 "으악!" 하며 골치 아파했습니다. 당장 어려울 거라는 걸 알겠죠. 조금만 체계적으로 생각해봐도 이런 간단한 조건을 만족시키는 짝짓기의 경우의 수가 무척 많아지기 때문입니다. 세 쌍, 네 쌍만 되어도 복잡한데 쌍이 26개라면 어떨까요? 굉장히 복잡할 것 같죠? 이 문제는 사회결정 문제와 유사한 점이 굉장히 많습니다. 선호도만 알면 서로 좋아하는 사람끼리 짝이 되면 된다고 쉽게 생각하는 사람도 있겠지만, 선호도를 알더라도 남녀가 각각 26명이 되면 굉장히 어려운 일이 되어버리죠. 그래서 비교적 쉬운 3쌍의 예시를 만들어봤습니다.

남자1	남자2	남자3	여자A	여자B	여자C
A	A	A	1	3	2
B	C	C	2	2	3
C	B	B	3	1	1

{1, A}, {2, C}, {3, B}라고 답을 내려보면 어떨까요? {1, A}, {2, B}, {3, C}라는 답도 가능해 보입니다. 그런데 이유를 대기가 쉽지는 않습니다. 해결은 했지만 이것도 투표 문제, 사회결정 문제처럼 뭔가 체계적으로 생각할 수 있는 방법론이 필요해 보입니다. 가능성이 너무 많으니까요.

우선 조건을 생각하게 되겠죠. 뉴턴의 법칙과 사회선택 이론처럼 조건을 명시하게 되면 방법론으로 발전할 수 있을 겁니다. '짝짓기 방법론'이 되겠네요. 우리가 원하는 조건이 무엇인지 수학적인 시각에서 체계적으로 접근해봅시다. '조건을 명시하자'고 제안했다면 다음 과제는 무엇입니까?

어떤 조건을 줘야 하나가 문제입니다. 조건에 따라서는 답이 없을 수도 있으니까요.

요구 조건에 따라 답이 없을 수 있겠죠? 애로의 정리처럼 '우리가 원하는 방법론이 이러이러한 것이다'라고 명시했는데 '그게 불가능하다'라고 결론이 나올 수도 있습니다. 그런데 여기서는 중매쟁이의 일이기 때문에 아주 단순한 조건이 이미 하나 있습니다. 무엇일까요?

깨지지 않는 게 가장 중요합니다.

짝짓기 원리 1. 깨지는 짝이 없어야 한다. 이를 짝짓기의 안정성이라고 부릅시다. 중매쟁이의 입장에서는 커플이 사이가 좋든 나쁘든 짝을 지으면 됩니다. 다만 이 안정성의 원리를 좀 더 구체적으로 표현하면 좋겠습니다. 불안정할 수 있는 상황을 찾아보는 겁니다. 짝짓기를 했는데 불안정한 경우가 어떤 경우죠?

선호도의 차이가 너무 크게 나는 경우일 것 같은데, 앞에서도 선호도 차이가 큰데도 이어질 수밖에 없는 경우가 있었으니까…. 바람피울 가능성이 큰 경우겠죠? 지금의 자기 짝보다 서로를 더 좋아하는 사람이 있으면 불안정합니다.

맞습니다. 맺어진 짝보다 다른 상대를 좋아하는 남녀 쌍이 존재하면 불안정한 짝짓기입니다. 이것은 매우 중요한 관찰입니다. 이렇게 구체적이고 확인 가능한 조건을 정확히 표현하는 것이 중요합니다.

그렇다면 이 조건을 가지고 위 선호도를 바탕으로 만든 {1, A}, {2, B}, {3, C} 짝이 안정적인지 검사해봅시다. 남자 1의 경우 여자 A와 맺어졌는데 A보다 좋아하는 사람이 없으니 문제가 없습니다. 남자 2는 여자 B와 맺어졌는데 2는 A를 더 좋아하지만 이미 A는 제 1선호도 남성과 맺어져 있죠. 그런데 여자 B보다는 C를 더 좋아하네요. 여자 C 역시 남자 3과 맺어졌지만 남자 2를 더 좋아하니까 이 두 커플은 불안정합니다. 남자 2와 여자 C가 자기의 짝보다 서로를 더 좋아하니까요.

그럼 {1, A} {2, C} {3, B}는 안정적인가요?

{1, A} {2, C} {3, B}로 검사해볼까요?

남자 2는 여자 C보다 A가 좋지만, 여자 A가 가장 좋아하는 남자 1과 맺어졌으니 가망이 없습니다. 남자 3도 여자 B보다 A와 C를 더 좋아하지만 둘 다 제일 좋아하는 남자와 맺어져 있네요. 안정적인 짝짓기입니다.

우리는 가능한 짝짓기를 2개의 예로 들었습니다. 그런데 주어진 상황 속에서 안정성의 원리라는 요구 조건이 하나 생기고 나니, 우리가 제시한 답의 가능성 2개 중 어떤 짝짓기가 나은지 설득력 있게 말할 수 있게 되었습니다. 임의적으로 정한 조건인 것 같지만, 그 원리를 공리로 받아들이고 나면 '정답'의 개념이 나오는 것입니다. 수학에서의 공리란 보통 그런 성질을 가지고 있습니다. 일단 받아들이고 전개하는 논리도 있지만 어떤 공리로 시작해서 이론을 전개하느냐가 실은 더 큰 관심사입니다. 수학의 공리는 '자연스러워야 합니다.' 이 문제에서는 공리의 발견이 그 다음 풀이 과정보다 중요하죠.

자, 그렇다면 100명이 있다고 생각해보죠. 애로나 뉴턴의 경우에는 원리가 3개 있었지만 지금은 안정성의 원리 하나만 이야기하고 있습니다. 그런데 100명을 가지고 짝을 짓는다고 할 때 안정성 원리 하나만 가지고 얘기하면 뭔가 걱정되는 부분이 있습니다.

답이 없을 수도 있을 것 같아요. 안정된 짝짓기가 없을 수도 있겠죠?

문제의 첫 번째 핵심은 안정성 원리를 찾는 것이었습니다. 그런데 안정성 원리를 표명하고 나면 이걸 방정식으로 받아들였을 때 해가 있는가를 걱정하게 됩니다. 그런데 사실 해가 있다고 해를 찾는 게 굉장히 어려울 수도 있습니다. 해가 있는가? 있다면 어떻게 찾을 것인가? 제가 미리 결론을 얘기하자면, 있습니다. 이 안정성의 법칙에 따르면, 항상 해는 있습니다.

제가 계산도 안 해보고 어떻게 알았을까요? 이 안정적인 짝짓기 이론은 바로 바로 데이비드 게일David Gale과 로

이드 섀플리Lloyd Shapley라는 두 수학자가 이미 증명한 내용이기 때문입니다. 위와 같이 서로에 대해 선호를 가진 집단 간에 안정적 매칭을 찾아내는 알고리즘을 게일-섀플리 알고리즘Gale-Shapley Algorithm이라고 부릅니다. 수학자인 로이드 섀플리 교수와 데이비드 게일이 1962년 발표한 논문 〈대학 입학과 안정적인 결혼College Admissions and the Stability of Marriage〉에서 소개한 내용으로, '잠정적 수락deferred acceptance 알고리즘'이라고도 부릅니다. 이들은 이 짝짓기 문제를 다룬 논문에서 '선호도가 아무리 복잡해도 답은 항상 있다, 그리고 해를 효율적으로 찾을 수 있다'라는 두 가지 주장을 했습니다.

'답이 항상 있다고 할 수 있다'고 하면서, 다시 '해를 찾을 수 있다'고 말하는 것이 좀 이상하게 들립니다. 답이 있어도 그 답, 즉 해를 찾을 수 없는 경우도 있을까요?

그것도 재미있는 질문인데요. 예를 들면 뉴턴은 임의의 조건 속에서 항상 궤적이 있다는 것을 알아냈지만, 실제로 그 궤적을 찾아내는 것은 상당히 어려운 문제일 수 있습니다. 그런데 100명의 짝짓기 문제의 경우 해가 있다는 걸 알면, 찾을 수 있다고 생각하십니까?

해가 있다는 것만 보장이 되면 경우의 수대로 계속 계산을 하면 되겠죠? 가령 짝짓기가 100명이 있다면, 궁극적으로 남자 1명이 있을 때 그 짝의 대상이 될 만한 여자가 100명이죠. 그러면 남자가 100명이니 100×100, 가능한 짝짓기의 수는 만 개입니다.

그 수가 만 개가 되더라도 근본적으로 가능한 짝짓기는 유한개밖에 없습니다. 그중에 안정된 짝짓기가 있다고 보장했으니 짝짓기 하나마다 한 사람씩 남자가 바람피울 가능성을 모두 검사해보면 되겠죠. 귀찮지만 가능한 작업입니다.

사실 이 질문에 대한 요점은 찾을 수 있다는 것뿐만 아니라 '효율적으로' 찾을 수 있다는 것입니다. 상당히 많은 수학적인 문제가 3가지 이슈를 한꺼번에 가지고 있습니다. 첫째는 해가 있느냐 없느냐, 둘째는 찾을 수 있느냐, 셋째는 찾을 수 있어도 효율적으로 찾을 수 있느냐. 이 이슈들은 서로 관계가 있으면서 어느 정도는 독립적인 문제들입니다. 그렇다면 효율적으로 찾는다는 것은 무엇을 의미할까요? 누구는 효율적으로 느끼고 누구는 비효율적으로 느끼는 방식이 아니라 객관적인 의미를 부여할 수 있는 효율성이라는 게 있을까요? 이 효율성의 정의와 그에 관련된 이론은 수학과 계산과학에서 상당히 활발히 연구되고 있기도 합니다.

그렇다면 게일 섀플리 이론이 효율적인 방법을 제안하고 있는지 확인해봅시다. 여자 4명, 남자 4명의 짝짓기 예시를 보여드릴 겁니다. 다만 아까와 다르게, 문제를 좀 더 논리적으로 해결하기 위해 절차와 방법과 규칙을 정리하면서 진행할 겁니다. 일종의 알고리즘을 만드는 것입니다.

알고리즘의 첫째 과정은 라운드마다 짝짓기를 진행하는 겁니다. 그리고 라운드마다 어떤 과정을 거듭해서 안정된 짝짓기를 만듭니다. 21세기의 연애와 결혼은 좀 더 다양하고 복잡해졌으므로 비교적 단순하게 설명할 수 있는 18, 19세기 유럽의 방식을 취해봅시다. 짝짓기 과정을 청혼이라고 부를까요? 당시 유럽에서는 아무래도 남자가 먼저 여성에게 청혼을 했겠죠? 첫째 라운드에서는 남자가 제일 좋아하는 여자에게 청혼을 합니다. 이렇지 않은 예외적인 상황을 생각할 수도 있겠지만, 일단 이 문제에서 그런 예외적인 상황은 제외합시다. 이제 남자가 좋아하는 여성에게 청혼을 하고 나면 거쳐야 할 다음 단계는 무엇일까요?

여성에게도 선호도가 주어지지 않았나요? 남자들의 선호도가 한 여성에게 몰릴 수도 있으므로 여성은 자신의 선호도에 따라 남성의 청혼을 받아들이거나 거절합니다. 가장 마음에 드는 남자를 고르는 거죠.

네, 첫째 라운드에서는 남자가 가장 좋아하는 1순위 여자한테 청혼을 하고, 여자는 선호도가 가장 높은 남자의 청혼을 받아들입니다. 자 그럼 바로 결혼을 하나요? 아니죠, 약혼을 합니다. 빅토리아 시대를 배경으로 한 연애소설을 떠올려보면 좋겠군요. 유럽의 고전적인 관례대로 우리 알고리즘에서는 말한 대로 여자가 약혼을 깰 수 있습니다. 그러나 남자는 한 번 약혼하면 차이지 않는 이상 그대로 있게 됩니다.

그러면 예시를 볼까요?

남자1	남자2	남자3	남자4	여자A	여자B	여자C	여자D
A	B	B	A	3	4	2	2
B	D	D	D	2	3	3	1
C	C	A	B	1	1	1	3
D	A	C	C	4	2	4	4

1라운드에선 일단 남자 1과 남자 4는 여자 A에게, 남자 2와 남자 3은 여자 B에게 각각 청혼합니다. 선호도 표에 따르면 여자 A는 남자 1을 더 선호하고, 여자 B는 남자 3을 더 선호하므로 {1, A}, {3, B}의 두 쌍이 생깁니다. 그리고 나면 남자 2와 4, 여자 C와 D가 약혼을 안 한 상태로 남습니다. 남자 중에서는 2와 4가 약혼을 안 했으니까 2라운드에서는 그들이 또 2순위 여성에게 청혼하겠죠? 이미 한 청혼은 지우면서 보겠습니다.

남자1	남자2	남자3	남자4	여자A	여자B	여자C	여자D
				3	4	2	2
B	D	D	D	2	3	3	1
C	C	A	B	1	1	1	3
D	A	C	C	4	2	4	4

그 다음엔 남자2와 4가 여자 D에게 동시에 청혼합니다. 그럼 여기서 {2, D} 짝이 생겨납니다. 따라서 현재 맺어진 짝은 {1, A}, {2, D}, {3, B} 세 쌍입니다.

실생활에서 약혼은 한동안 상대를 관찰하는 기간입니다. 결혼이 성립할 만한 상황인가를 지켜보는 거죠. 약혼 기간에 관찰하는 동안 알게 된 상대의 모습이 결혼에 부적합하다 여기면 약혼을 깰 수도 있습니다. 우리 게임에서는 아직 라운드가 다 끝나지 않았습니다. 왜 그렇죠?

지금은 당장 성혼이 됐다고 해도 안정성을 고려해야 합니다. 프러포즈를 거절당한 남자도 있을 거고, 여자들은 프러포즈를 받지 못한 여자들도 있을 테니까요.

그런 상황에서 문제가 되는 건 남자 4입니다. 3라운드에서 남자 4는 선호도 3순위인 여자 B에게 청혼할 차례입니다. 그럼 어떤 일이 벌어질까요?

남자1	남자2	남자3	남자4	여자A	여자B	여자C	여자D
				3	4	2	2
B		D		2	3	3	1
C	C	A	B	1	1	1	3
D	A	C	C	4	2	4	4

그야말로 연애소설 구도가 됩니다. 여자 B는 이미 1라운드에서 약혼한 상태지만 원래 선호도 1위는 남자 4였습니다. 약혼을 깨도 된다면 남자 3과 약혼한 여자 B는 기존의 약혼을 깨고 더 좋아하는 남자 4의 청혼을 받아들일 것 같습니다.

그럼 남자 3이 다시 라운드에 진출하게 됩니다. 그 다음에 선호도 2위였던 여자 D에게 청혼을 하게 됩니다. 그럼 어떤 문제가 벌어지죠?

약혼한 상태였던 여자 D는 여전히 현재의 약혼남 2를 3보다 더 좋아합니다. 따라서 여자 D는 남자 3의 청혼을 거절하게 됩니다.

네, 이제 이런 상황이 벌어지게 됩니다. 남자 3은 이제 선호도 3순위인 여자 A에게 청혼하고, 여자 A는 현재의 약혼자 남자 1보다 남자 3을 더 좋아하므로 남자 1과의 약혼을 깨고 남자 3과 다시 약혼하게 됩니다. 라운드 4가 끝나면 이어진 쌍은 {2, D}, {3, A}, {4, B}가 되겠군요.

그렇게 되면 이제 남자 1이 다시 청혼을 해야 합니다. 1라운드에서 여자 A와 청혼했다가 남자 3에게 약혼녀를 빼앗긴 남자 1은 이제 선호도 2순위인 여자 B에게 청혼합니다.

남자1	남자2	남자3	남자4	여자A	여자B	여자C	여자D
				3	4	2	2
				2	3	3	1
C	C			1	1	1	3
D	A	C	C	4	2	4	4

하지만 여자 B는 현재 약혼남인 남자 4와 남자 1을 비교하고 이미 우선순위에 있는 약혼남과의 약혼을 유지하는 쪽을 택합니다. 좌절한 남자 1은 다시 여자 C에게 청혼하겠죠? 현재 짝이 없는 여자 C는 남자 1의 청혼을 받아들일 겁니다. 그러면 최종 짝은 어떻게 나옵니까?

{1, C}, {2, D}, {3, A}, {4, B}입니다.

이렇게 알고리즘이 끝났습니다. 이제 결혼하면 됩니다.

안정적인가 확인해봐야 하지 않을까요?

선호도표를 다시 보면서 바람피울 가능성을 조사해보면

됩니다. 가령, 남자 1은 현재 짝보다 여자 A, B를 좋아하는데, 여자 A는 자신의 1순위인 남자 3과 맺어져 있고, 여자 B도 1순위 남자 4와 약혼했으니 둘 다 1을 받아들일 필요가 없습니다. 따라서 남자 1에게는 더 이상의 기회가 없습니다. 이런 식으로 하나씩 계산해 확인하는 것은 각자에게 맡기겠습니다.

복잡해 보이던 선호도표가 정리되면서 네 쌍이 만들어졌습니다. 이 알고리즘은 청혼, 선택의 과정이 라운드마다 거행되고 모든 사람이 맺어지면 결혼하는 알고리즘이라는 것을 알겠습니다. 그런데 이렇게 맺으면 항상 안정적인가요?

그렇습니다. 게일 섀플리의 주정리는 바로 그것입니다.

[정리 1] 앞의 알고리즘을 돌리면 결국 모두가 약혼하게 된다.

[정리 2] 그렇게 모두 짝을 짓고 나면 그 짝짓기는 안정적이다.

정리 1을 증명하는 과정은 계산 없이도 간단하게 할 수 있습니다. n명의 남자와 n명의 여자가 있다고 했을 때 각 라운드마다 누군가는 청혼을 합니다. 그리고 예제에서처럼 청혼할 때마다 남자의 선호도표에서 여자를 한 명씩 지웁니다. 남자가 n명이면 모든 남자의 선호도표를 다 합쳤을 때 여자가 n×n명 적혀 있겠지요. 기껏해야 n^2라운드 후면 청혼할 사람이 없어집니다. 모든 남자가 약혼을 했거나 자기 선호도표의 모든 여자에게 청혼을 했겠지요.

그러면 약혼 안 한 남자 X가 있을까요? 만약 그렇다면 약혼하지 않은 여자 Y도 있어야 합니다. 그렇지만 X는 모든 여자에게 청혼한 상태입니다. 따라서 Y에게도 청혼을 했겠지요. 그렇지만 알고리즘을 보면, 여자는 청혼을 한 번이라도 받았으면 약혼한 상태여야 합니다. 약혼을 깼을 수도 있지만 그건 더 좋은 청혼을 받아서 짝을 옮겼을 때야 가능합니다. 따라서 약혼하지 않은 남자는 있을 수 없고 약혼하지 않은 여자도 있을 수 없습니다. 정확하게 증명을 하지 않더라도 어느 정도 직관적으로 이해가 되죠?

정리 2도 간단히 증명할 수 있습니다. 짝짓기가 안정적이지 않다면 바람피울 남녀가 남아 있다는 의미입니다. 그러니까 알고리즘이 끝났음에도 두 커플 {m, X}와 {n, Y}가 있어서 m은 X보다 Y를 좋아하고 Y도 n보다 m을 좋아한다는 의미입니다. 그런데 그럴 수는 없습니다. 왜냐하면 m이 보기에 Y가 X보다 좋았다면 Y에게 먼저 청혼을 했겠지요. 그런데 지금 둘이 맺어져 있지 않다는 것은 m이 거절당했거나 그게 아니면 한 번 약혼했다가 차인 상태라는 의미입니다. 그런데 둘 중 어느 경우더라도 Y가 더 좋은 청혼을 받아서 자기가 m보다 더 좋아하는 사람 p와 맺어졌어야 합니다. 지금 짝 n이 p가 아닐 수도 있지만 그렇다면 Y가 보기에 n이 p보다도 좋았기 때문에 p도 차인 것입니다. (그런 일이 여러 번 있었을 수 있습니다.) 그렇다면 Y의 랭킹에서는 n이 m보다 높아야 합니다. 그렇게 정리 2의 증명도 끝났습니다.

게일 섀플리 알고리즘은 실제 해를 만들어감으로써 해가 존재한다는 것을 증명하는 동시에 찾는 방법도 줍니다. 그런 면에서 [정리 1]과 [정리 2]는 드물게 명쾌한 결과입니다. 적어도 상당히 구체적인 알고리즘이 있죠. 우리가 정말 중매쟁이라면, 그리고 이미 이 사람들이 서로에 대해 갖고 있는 선호도 정보를 알고 있다면, 서로 청혼하고 어쩌고 시간 낭비할 필요도 없습니다. 그냥 이 알고리즘을 돌려서 짝을 지으면 되는 겁니다. 이처럼 게일 섀플리 알고리즘은 답이 있을 뿐 아니라, 답을 효율적으로 찾는 방법까지 해결해 줍니다.

컴퓨터처럼 엄청 빨리 계산만 하면 되겠네요.

이 정리는 컴퓨터 알고리즘으로 여러 상황에서 많이 활용하고 있습니다. 그래서 증명까지 끝났는데요. 가령 여기서도 남과 여의 역할을 바꿀 수도 있고, 혹시 답이 여러 개 있으면 그중에서 무엇을 선택하는 것이 좋은가 같은 질문도 할 수 있겠지요. 게일과 섀플리는 이 이론을 통해 2012년 노벨 경제학상을 받았습니다.

논문은 1962년에 쓰였다고 나옵니다. 비교적 단순한 논문이 50년이 지난 2012년에, 그것도 수학자로서 경제학상을 받았다니 특이합니다.

새플리는 노벨 경제학상을 받으며 자신은 그냥 "단순한 수학자"라고 말했습니다. 2016년에 그가 사망했을 때 경제학 잡지 《이코노미스트Economist》는 섀플리를 추모하는 기사에 "그는 자신을 수학자로 간주했더라도 경제학계에 남긴 엄청난 업적으로 기억될 것이다"라고 표현했습니다.

게일과 섀플리는 논문의 말미에 이런 구절을 남겼습니다. "수학적 사고가 무엇인지 구체적인 예로 보여주는 것이 이 논문의 목적이다." 그의 논문에는 기하학이나 수나 계산이 나오지 않지만, 수학적인 사고를 나타내고 있음은 분명해 보입니다. 더 놀라운 사실은 이 논문이 등재된 학술 저널이 수학 연구 저널이나 경제학 저널도 아닌 바로 수학 교육 저널이었다는 것입니다. 그는 수학 선생님들을 위해 수학적인 사고의 예시를 보여주려고 이 논문을 썼습니다. 참으로 놀라운 사실입니다.

설정이긴 하지만, 한 가지 의문이 생깁니다. 게일 섀플리의 알고리즘에서는 청혼을 오직 남자가 여자에게만 할 수 있었습니다. 여자가 먼저 선택하지 않기 때문에,

이 과정이 뭔가 불리해 보이는데, 과연 이 알고리즘은 여자에게 더 유리한가요? 아니면 남자에게 더 유리한가요? 이를 수학적으로도 증명할 수 있을까요?

힌트는, 이 질문에도 분명히 답이 있다는 것입니다. 우리가 묘사한 알고리즘은 확실히 남자에게 유리합니다. 예시를 통해서 약간만 탐구해봅시다.

남자1	남자2	남자3	여자A	여자B	여자C
A	B	C	2	3	1
B	C	A	3	1	2
C	A	B	1	2	3

위의 경우 게일 섀플리 알고리즘으로 생각하면, 첫 라운드에서 남자 1은 여자 A에게 , 남자 2는 여자 B에게, 남자 3은 여자 C에게 청혼하겠죠? 그다음에는 알고리즘이 어떻게 되죠? 여자는 자기에게 청혼하는 사람 중에서 마음에 드는 사람을 받아들입니다. 그런데 여자가 각각 청혼을 하나씩밖에 안 받았으니 첫 라운드에서 남자 1과 여자 A가 약혼하게 되

고, 남자 2와 여자 B가 약혼하게 되고, 남자 3과 여자 C가 약혼하게 됩니다. 그다음 단계는 뭐죠?

1라운드에서 선택받지 못해서 약혼하지 못한 남자들이 2라운드에서 청혼을 해야 하는데 2라운드가 없고 끝나 버립니다. {1, A}, {2, B}, {3, C} 이렇게 맺어져서 끝납니다. 그럼 결혼하게 되는 거죠.

그래서 이렇게 보면, 여자들은 자기가 가장 싫어하는 남자들이 청혼하는데도 이 알고리즘에 따라 그냥 결혼하게 됩니다. 남자들은 자기들이 제일 좋아하는 여자들과 결혼하게 되고요.

남자들이 다 만족했기 때문에 다른 여자를 찾아갈 가능성이 없는 거네요? 안정된 짝짓기이기는 합니다. 알고리즘의 성질은 같으니 우리가 이 알고리즘 안에서 여자가 먼저 청혼하도록 규칙을 바꾼다고 해도 안정된 짝짓기로 가야 한다는 논리는 똑같을 것 같습니다.

안정된 짝짓기의 가능성이 여러 개 있지만, 그럼에도 불가능한 짝도 분명히 있죠. 전체가 안정적이려면 두 사람이 맺어지는 경우가 일어날 수 없는 경우도 분명히 있거든요. 바꿔 말하면, 남자들의 입장에서 연결 가능한 여자가 있고, 여자들도 연결 가능한 남자들이 있습니다. 여기서의 가능성은 바로 안정성 원리를 거역하지 않고 맺어질 수 있는 가능성을 의미합니다. 전체 선호도가 주어졌을 때 각 남자마다 연결 가능한 여자들의 집합이 있을 테고, 여자들도 연결 가능한 남자들의 집합이 있을 겁니다.

그런데 누가 유리한가의 문제로 돌아가면, 게일 섀필드의 알고리즘에서는 남자들은 자기가 연결 가능한 여자 중에서 선호도가 가장 높은 여자와 결혼하게 됩니다. 결국 맺어진 여자보다 선호도가 높은 여자와 맺어지려면 어디선가 불안정이 생깁니다. 그리고 여자들은 연결 가능한 남자 중에서 가장 선호도가 낮은 남자와 결혼하게 됩니다. 이 현상을 위의 예시가 잘 나타내줍니다. 이런 면에서 남자에게 압도적으로 유리합니다.

저는 어느 강의에서 이 알고리즘의 교훈은 '좋아하면

먼저 고백하라'라고 말했습니다.

거절당하더라도 자기 선호도의 우선순위에 따라서 행동하는 쪽이 더 좋은 결과를 얻으니까요. 남자의 경우 더 선호도가 높은 상대가 있어도 거절당했기 때문에 그보다 선호도가 낮은 여성과 짝을 짓습니다. 이미 거절당하고 왔기 때문에 파혼할 이유가 없는 거죠.

처음 이 알고리즘을 접했을 때는 여자가 유리한 듯 보이기도 했습니다. 청혼을 받아들일지 아닐지의 결정권을 여자가 갖고 있으니까요.

주어진 조건 자체가 자기에게 불리한데, 청혼을 받아들일지 아닐지를 결정하는 건 그다지 중요한 결정권이 아니라고 할 수 있습니다.

그래서 이런 수학적 모델링을 해보면 적어도 더 복잡한 상황에 대한 통찰을 줄 수 있습니다. 과학은 복잡한 요소들을 단순화해서 더 정밀하게 생각할 수 있는 방법을 마련해준다는 것입니다. 이 알고리즘에서도 또 다른 조건을 부여해서

룰을 더 공정한 방향으로 수정해나갈 수 있을 겁니다. 문제를 단순화한 다음, 더 복잡한 모델이나 강력한 요구 조건을 만들며 개선점을 찾아나가는 것. 이것이 바로 과학이 하는 일입니다.

6강

우주의 실체, 모양과 위상과 계산

마지막으로 수수께끼를 하나 보겠습니다.

이제까지 나눈 대화 전체가 다 수수께끼 같습니다.

여기 { } 이렇게 생긴 괄호 안에 글자가 몇 개 적혀 있습니다. 이것이 의미하는 바가 무엇일까요?

{A}, {B}, {C}, {A, B}, {A, C}, {B, C}

힌트를 주자면 A, B, C는 각각의 점을 의미합니다.

A, B, C가 점이면, {A, B}는 점이 2개이니 '선'인 것 같습

니다. 점 2개가 선을 결정하니까요. 그러면 {B, C}, {A, C}도 선입니다. 그러면 이 글자는 삼각형입니다.

그렇습니다. 다음과 같겠지요?

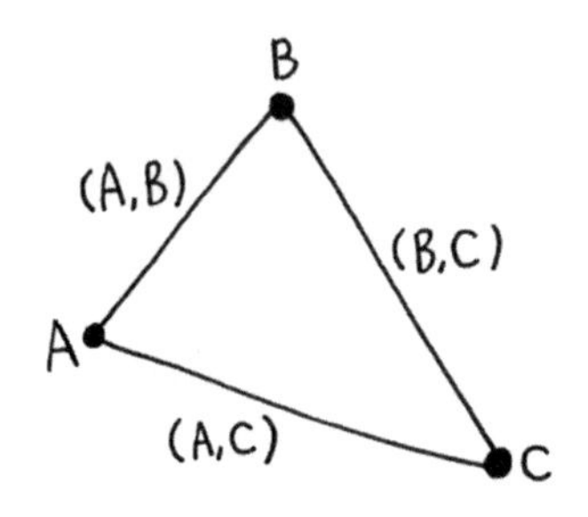

그럼 이것은 무엇일까요?

{A}, {B}, {C}, {A, B}, {A, C}

B와 C를 지나는 선이 빠졌으니 삼각형에서 변이 하나 없네요.

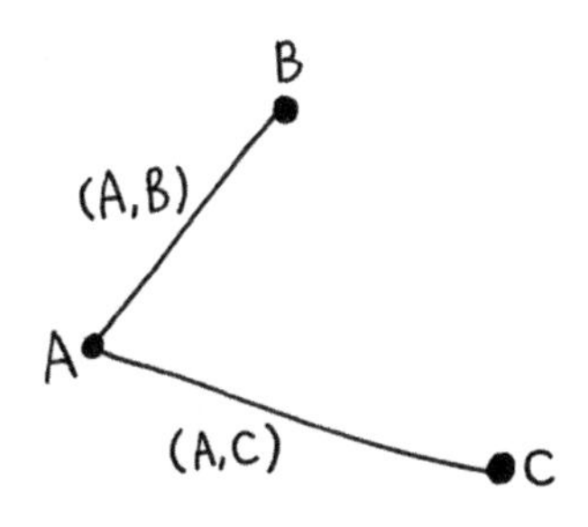

그러면 다음은?

{A}, {B}, {C}, {A, B}

이제는 점 3개와 A, B를 잇는 선밖에 없습니다.

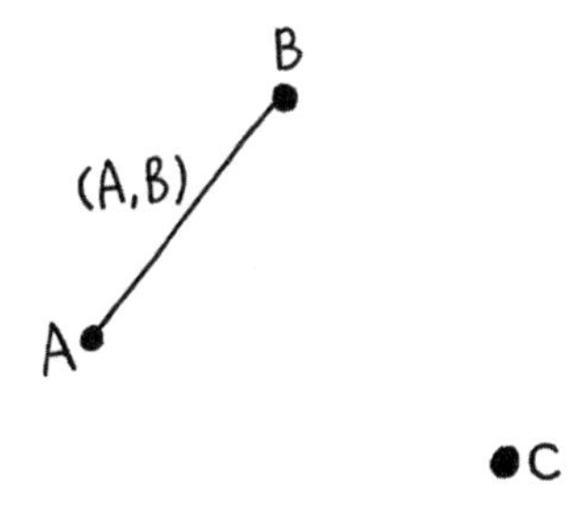

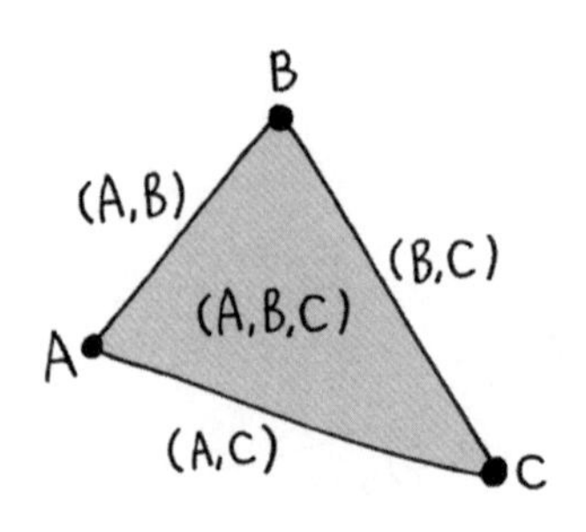

이것은?

{A}, {B}, {C}, {A, B}, {B, C}, {A, C}, {A, B, C}

앞에 선분으로 이뤄진 삼각형에 점 3개인 집합 하나가 더 추가되었습니다. 이것은 면이 있는 삼각형입니다.

맞습니다. 우리말로 삼각형이라 했을 때 면을 포함할 때도 있고 변 3개만 있는 경우도 있지요. 우리는 그 두 경우를 조심스럽게 구별했습니다. 왜 저렇게 표기했는지 대충 짐작할 수 있을 겁니다. 삼각형을 기호로 표기하는 방법은 여러 가지가 있지만, 이것이 상당히 효율적인 방법입니다. 각각의 점에 기호를 붙이고, 이 점의 집합을 통해 선을 지칭할 때는 끝점 2개를, 면을 지칭할 때는 끝점 3개를 묶어주면 되는 겁니다. 그럼 다음의 괄호들은 무엇을 나타낼까요.

{A}, {B}, {C}, {D}, {A, B}, {A, C}, {A, D}, {B, C}, {B, D}, {C, D}, {A, B, C}, {A, B, D}, {A, C, D}, {B, C, D}

입체인 것 같습니다. 면은 4개, 변은 6개, 점은 4개입니다. 삼각형이 4개가 모여 있는 입체입니다.

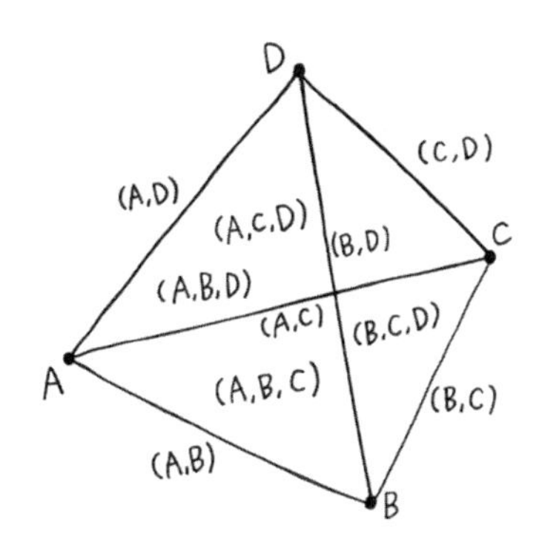

면이 4개인 사면체입니다. 이처럼 모양을 기호로 표기

하는 방법은 여러 가지가 있습니다. 그중 지금 보여드린 것이 '위상수학'의 방법론입니다. 위상수학이란 모양을 공부하는 수학의 분야 중에서 가장 근본입니다. 점, 선, 삼각면 등 간단한 형태들을 이어 붙여서 만들 수 있는 모양들을 예와 같이 기호화하는 것이지요. 아래 그림 같은 상당히 복잡한 모양도 이런 식으로 묘사할 수 있습니다.

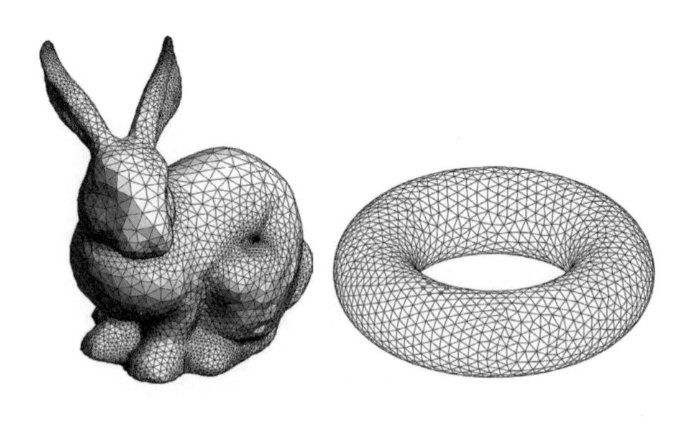

그런데 토끼나 도넛 모양은 기호화하면 굉장히 복잡하겠네요.

그렇습니다. 그래도 모양이 주어졌을 때 가령 3D 스캔으로 그림처럼 잘게 나누어서 기호화하는 작업은 컴퓨터로 꽤 효율적으로 할 수 있습니다. 점, 선, 삼각면 들이 많아도 파일로 쉽게 저장이 됩니다.

그런데 여기서 질문을 하나 합시다. 삼각형, 사면체 등의 간단한 예에서 괄호 속 글자를 이용한 기호들로부터 정확한 모양을 되찾을 수 있을까요?

그렇지 않습니다. 대략의 모양은 짐작하지만, 삼각형의 크기가 어느 정도인지, 변들 사이의 각도가 몇 도인지, 그런 건 알 수 없습니다.

위상수학은 보통 거시적인 기하라고 설명합니다. 정밀한 기하는 무시하고, 크게 보았을 때 모양이 어떻게 단순한 형태로 조립되어 있는지가 기호로 저장된다는 뜻입니다. 그런데 놀라운 것은 그런 단순한 정보만 가지고도 원래 모양에 대해서 이야기할 수 있는 바가 상당히 많다는 것입니다.

예를 하나 들어보지요. 18세기 수학자 오일러는 점, 선, 삼각면으로 이루어진 임의의 물체가 있으면 다음과 같은 양이 중요하다는 발견을 했습니다.

면의 갯수−선의 갯수+점의 갯수

지금은 이를 물체의 '오일러 수'라고 합니다. 정의를 보면 좀 이상할 것입니다. 다 더하는 것도 아니고 뺐다, 더했다. 왜 이렇게 계산할까요? 이 오일러 수는 정말 기발한 정의이며, 수학의 발전에 미친 영향이 너무나도 방대해서 가늠하기 어려울 정도입니다. 기하는 물론이고, 대수, 정수론, 조합론, 함수론에 이르기까지 오일러 수와 그 개념의 확장을 다양하게 활용하고 있기 때문입니다. 빼고 더하는 양상이 중요하다는 것을 알아내는 데는 상당한 천재성이 필요했을 것 같습니다. 조금 어려운 말이지만 이런 종류의 '음양이 엇갈리는 덧셈'이 물리학의 '초대칭성supersymmetry'이라는 개념과도 관계가 깊습니다. 어떻게 보면 위상수학이라는 분야 자체가 오일러 수의 정체를 밝힐 목적으로 개발됐다고 할 수 있습니다.

일단, '왜'라는 질문은 제쳐두고, 예를 들어 계산을 해봅시다. 처음에 본 면이 없는 삼각형 {A}, {B}, {C}, {A, B}, {A, C}, {B,

C}의 오일러 수는 무엇일까요?

먼저 면의 수는 0이고, 선은 3개고, 점이 3개입니다. 그럼 0-3+3이니 오일러 수는 0이 됩니다.

그렇습니다. 그러면 면이 있는 삼각형 {A}, {B}, {C}, {A, B}, {A,C}, {B, C}, {A, B, C}의 경우는 어떨까요?

1-3+3으로, 오일러 수가 1이 되겠네요.

사면체도 한 번 계산해볼까요? {A}, {B}, {C}, {D}, {A, B}, {A, C}, {A, D}, {B, C}, {B, D}, {C, D}, {A, B, C}, {A, B, D}, {A, C, D}, {B, C, D}

4-6+4=2. 오일러 수가 2입니다.

자, 지금 우리는 조금도 모양을 보지 않았습니다. 기호화된 정보만 가지고 계산을 했지요. 그런 면이 오일러 수의 중요성과 연관됩니다. 물체 자체를 모르더라도 물체의 '추상적 조립도'만 가지고 계산할 수 있죠. 혹시 앞에서 본 토끼의 오일러 수는 무엇일까요? 제가 답을 내리면, 오일러의 수는 2밖에 되지 않습니다. 토끼 모형은 사면체와 위상이 같기 때문입니다. '위상'이라는 것이 무언지 자세히 설명하지 않겠습니다. 위상 그 자체보다도 '위상이 같다는 것은 무슨 뜻이냐'를 직관적으로 이해하는 데 집중하겠습니다.

오일러 수에서 중요한 것은 특정 모양의 오일러 수가 위상에만 의존한다는 사실입니다. 그러니까 위상이 같은 두 모양은 같은 오일러 수를 가지게 됩니다. 약간 복잡한 계산을 해볼까요? 정 20면체의 오일러 수를 계산해봅시다.

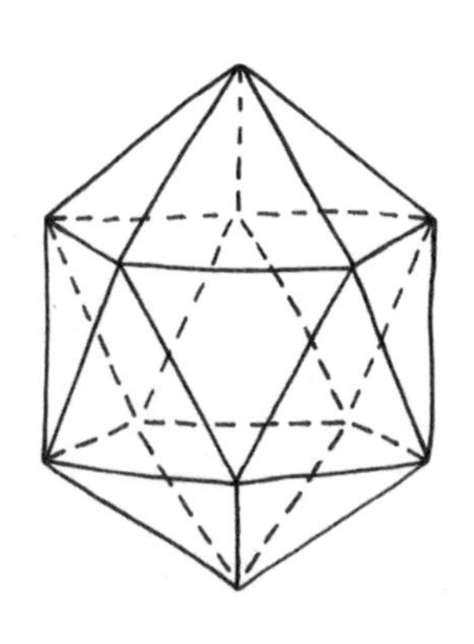

약간 시간이 걸리지만, 눈에 보이지 않는 부분까지 세보면 점의 수는 12개, 선의 수는 30개, 면은 20개. 그래서 오일러의 수는 20-30+12=2입니다.

모양을 연한 고무로 만들었다고 상상해보면 위상을 이해하기 쉽습니다. 고무가 찢어지지 않게 조심스럽게 줄였다 늘였다 모양을 변형시키는 것이지요. 이때 고무를 찢지 않고 모양을 변형시킬 수 있다면 위상이 바뀌지 않은 것입니다. 그렇게 보면 사면체, 20면체, 토끼가 모두 구와 위상이 같습니다. 고무풍선이라고 생각하고 공기를 탄탄하게 불어 넣으면 모두 구 모양이 되는 것처럼 말입니다. 그래서 위상이 다 같고, 이것을 미리 안 저는 다 사면체의 경우만 계산해보고 다른 2개도 오일러 수가 2가 될 것을 알았습니다.

그럼 도넛 모양은 위상이 다르겠군요? 도넛은 아무리 풍선처럼 불어도 구가 되지 않습니다.

도넛과 위상이 같은 간단한 모양을 그려보겠습니다.

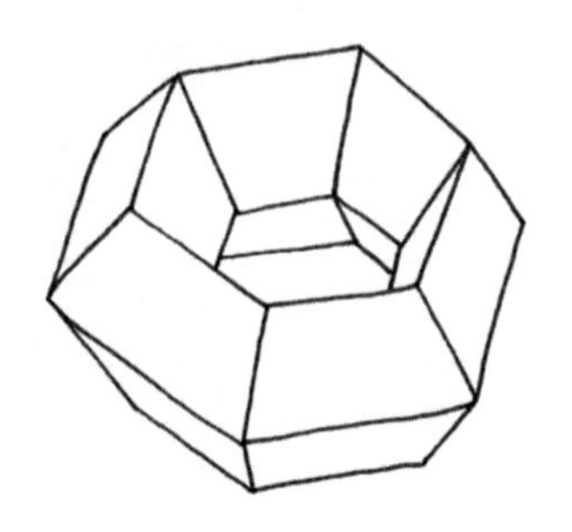

면이 사각형이긴 하지만, 면의 개수-선의 개수+점의 개수를 계산하면 오일러의 수는 0이 됩니다. 어렵지 않습니다.

앞에서 우리는 기호화로부터 알 수 있는 기하적인 정보가 무엇이냐는 질문을 했습니다. 그럼 거꾸로 생각해봅시다. 기호화된 정보가 다음과 같다고 합니다.

{A_1}, {A_2}, {A_3}…{A_1, A_2}, {A_2, A_3},… {A_1, A_2, A_3},…

여기에 점과 선과 면이 100개 이상이고, 이 정보가 나타내는 도형이 토끼나 도넛 둘 중 하나라는 사실을 알고 있다면 이 도형이 무엇인지 판별하는 방법이 있나요?

오일러의 수를 계산하면 됩니다. 이는 기호화만 가지고, 그러니까 점, 선, 면만 가지고 계산할 수 있으니 100개 정도 수준에서는 어렵지 않게 계산할 수 있습니다. 오일러의 수가 2면 토끼이고 0이면 도넛입니다.

정확합니다. 기호화했을 때 굉장히 많은 정보를 잃어버렸음에도 물체들을 어느 정도 분간하는 게 가능해진 것입니다. 연습을 위해 도넛의 오일러 수를 다른 방법으로 계산해 보겠습니다. 위의 도넛 모양과 달리 매끈한 곡면으로 이뤄진 도넛의 위상은 어떻게 계산할까요?

익숙한 모양으로 바꿔보면 되지 않을까요?

네, 그럼 도넛을 한 번 잘라보겠습니다. 잘라서 펼치면 원통 모양이 될 겁니다. 그러면 원통의 오일러 수를 계산해 봅시다. 그런데 원통 역시도 매끈해서 점, 선, 면의 수를 알기 어렵죠?

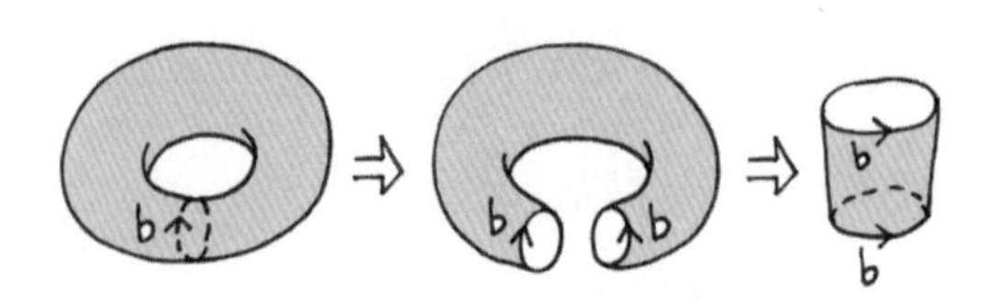

원통과 위상이 같은데 점, 선, 면이 확실한 모양의 입체를 생각해내면 됩니다.

맞습니다. 전 이렇게 가운데가 뚫린 프리즘 모양 같은 걸 생각해보겠습니다. 이 경우 오일러의 수를 계산해보면 어떻게 될까요?

면이 3개, 선이 9개, 점이 6개이니, 3-9+6, 오일러 수는 0이 됩니다.

그러면 이걸 둥글려서 다시 도넛 모양으로 붙이면 어떤 현상이 일어나죠? 한쪽 끝의 삼각형과 다른 쪽 끝의 삼각형이 서로 붙게 됩니다. 그러면 어떻게 되나요?

두 삼각형이 합쳐지니까 점은 3개 없어지고, 선도 3개 없어집니다. 대신 면은 남아 있습니다. 그러면 3-6+3이 되니 오일러 수는 계속 0이 되겠네요. 오일러의 수가 안 바뀝니다.

매끈한 도넛의 오일러의 수도 0이 된다는 것을 다시 확인했습니다. 상당히 다른 방법으로 면을 그리기도 하고 휘고 붙이고 했는데도 똑같은 답 0이 나옵니다. 이 2번의 계산만 해도 오일러 수가 어떤 '위상적인 수'라는 직관이 생기지요?

다시 이야기하자면 위상은 모양의 거시적인 구조만을 기억하는 개념인 겁니다. 그런데 토끼와 도넛의 예에서 보았듯이 오일러는 거시적 정보를 기호화하고 '계산을 해서 모양을 구분하는 방법'을 발견한 것입니다. 이 개념이 기하학, 물리학, 우주학 등에서 점점 더 중요해지고 있습니다. 현대의 위상수학topology에서는 오일러수 보다 훨씬 강력한 '모양 계산법'을 약 150년에 걸쳐서 개발해왔습니다. 제가 학생일 때는 수학과 학부 4학년쯤 배우기 시작하는 내용이었는데 지금은 물리학 분야에 다양하게 응용되어 훨씬 널리 보급되고 있습니다. 그런데 모양과 위상과 계산에 대한 고찰은 이보다 훨씬 근본적인 질문으로 우리를 몰아갑니다. 이 사진은 컴퓨터에 저장된 이미지입니다.

00101100010101011101010001110100010111101010111111110010100011011
11010010000101110110000010001000000111001111111011101001010011101
00010100100110010010000000001000111110100010010100001000110011100
11001101011010010001111001100111100101010010011010110110000000000
0110101011100001000111100001000000110010000110101011010110101011
1111011101000111011011000001110010000011011110000100100110100111
0101011001011100101110011110011101011100001001100011101100000010
1001011001101101110010100011010110101110001011011111010110000111
11101111000001000011000000000101110111001100100101100101101000001
1010100001010101110010110111001100111000011101101111011001100100
000111010000010000001101011001110010101011110011001010100011010011
11110010110011011010111001111010110000001011001110010011100010001
11100111000010100010001010110011111111100000010011011000001110100
1111000111010100100110000011100111111110001000101010000110000101
1111000110001110111100111100101001111001001000001111100011011101
0100001010010000001001110100111110010000110011011001101001010101
00100010001011010000000001010010100110000110010101011001101010011
1100110111011101100010111100100101101101001110001110111000010000
1010000100101110001111010011110010101010101100111011110001111111
00101111111110101110101100010001001010011111001101110101111111010
01110000110101000011000100110001000110111101000010011111111001111

우리 눈에 보이는 것은 구체적인 그림이지만 컴퓨터에는 저런 식으로 저장이 되죠. 우리가 컴퓨터에 그림이든 소리든 어떤 정보를 입력하면 컴퓨터는 이미지를 여러 계산을 통해서 이미지를 기호로 바꾼 다음 재현해야 합니다. 우리가 오일러의 수를 이용해서 토끼와 도넛을 구분하듯이 컴퓨터의 경우도 결국은 계산을 통해서 모양을 구분하고 처리하지요.

그 말은 인간의 눈으로 들어온 정보를 인간의 뇌가 어떻게 처리하는지에 대한 설명과 비슷하게 들립니다.

인간의 눈에 정보는 어떤 형태로 들어오나요?

빛의 형태로 들어옵니다.

어떤 형체가 있을 때 빛은 그 물체에 반사되어 눈으로 들어갑니다. 빛이 눈의 망막에 부딪혀 어떤 화학 작용이 일어나면 그 정보가 뇌로 전해지고 전기파로 돌아다니면서 뇌세포의 네트워크를 껐다 켰다 합니다. 제가 말하고 싶은 건, 이게 사실 모두 일종의 수학적 작용이라는 겁니다. 피상적으로 묘사했지만 우리 뇌에서는 이런 계산이 수시로 벌어지고 있습니다. 그렇게 보면 우리가 우주를 감지하고 인식하는 과

정은 기하적인 것이 아니라 대수적이라고 할 수 있습니다. 빛을 다 뇌세포 기호로 바꿔서 계산하고 있는 거죠

이론물리학자들의 가장 큰 관심 중 하나는 근본적으로 우리가 인식하는 것을 넘어서 실체 자체가 대수적이냐 기하적이냐는 질문입니다. 2014년 옥스퍼드대학교의 학회에서 있었던 일입니다. 미국 고등과학원 원장으로 있는 로버트 다이그라프Robert Dijkgraaf가 상당히 철학적인 강의를 했습니다. 물리학적 구조와 수학적 구조 사이의 관계에 대한 일종의 명상 같은 강의였습니다. 그런데 이 강의가 끝난 뒤 세르게이 구코프Sergei Gukov라는 젊은 물리학자가 질문을 하나 던졌습니다.

> "그럼 당신은 우주가 대수적이라고 생각합니까, 기하적으로 생각합니까? 내기를 해야 한다면 뭐라고 할 겁니까?"

한참을 망설인 다이그라프는 "저는 우주가 대수적이라고 생각합니다"라고 답했습니다. 기하라는 건 대수를 표현하는 통계적인 현상이지, 근본적인 우주의 실체는 대수적일

것이라는 말이죠.

우주가 대수적인가, 기하적인가라는 질문이 우리에게 알려주는 바는 뭔가요?

우리는 흔히 모양이 먼저 있고, 그것을 기호화한다고 생각합니다. 그런데 이 사람들은 반대의 주장을 하는 겁니다. 이를 이해하기 위해서는 기하의 발견에 대해 한번 알아보는 게 좋겠습니다. 기하학에서 일어났던 혁명적인 사건이 세 가지 있습니다. 첫 번째 사건은 17세기 페르마와 데카르트입니다.

앞에서 말한 '좌표'의 발견인가요?

그와 관련이 있습니다. 원의 방정식을 기억하나요?

$x^2+y^2=1$ 이런 것이 원의 방정식입니다. x좌표의 제곱 더하기 y좌표의 제곱일 때 더한 값이 모두 1이 되는 점들을 모아놓으면, 이게 원이 된다는 뜻입니다.

이것이 바로 기하를 대수로 바꾸는 것입니다.

이런 생각은 이미 학교에서 일찍부터 배웠던 것 같습니다. 우리는 매우 어릴 때부터 점들이 모여서 선이 되고, 면이 되고, 입체가 된다고 배웁니다.

덕분에 우리는 타원의 방정식이나 포물선의 방정식처럼 기하의 정의 자체를 대수적으로 생각하는 데 익숙해져 있습니다.

두 번째 혁명은 18세기 말 19세기 중반에 이루어집니다. 바로 '내면기하'에 대한 것입니다. 그러니까 기하를 생각할 때 그 물체의 내부의 관점에서 어떤 성질들을 표현하고 측정한다는 것이죠. 다음의 그림들을 한번 볼까요.

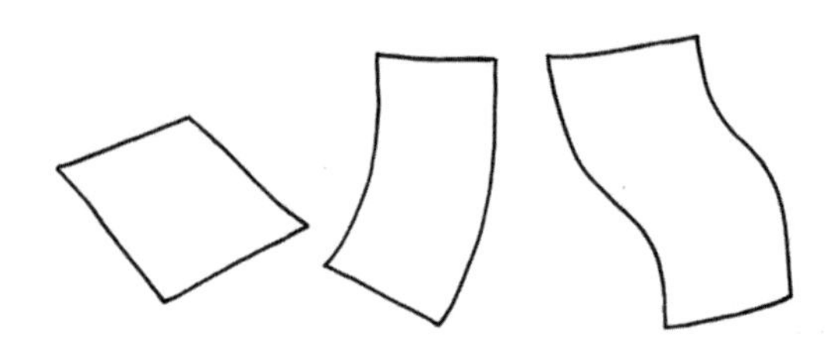

똑같이 면이지만, 어떤 면은 평평하고 어떤 면은 휘어져 있고, 또 두 번 휘어진 면도 있습니다.

맞습니다. 하지만 이 세 모양을 내면기하의 관점에서 보면 아무 차이가 없습니다. 그렇지만 평평한 면에 있는 A와 B라는 점과의 거리와 휘어진 면에 있는 A와 B 점 사이의 거리는 서로 다릅니다. 그럼 이 면 위에 우리가 살고 있다고 생각하면 어떻게 될까요?

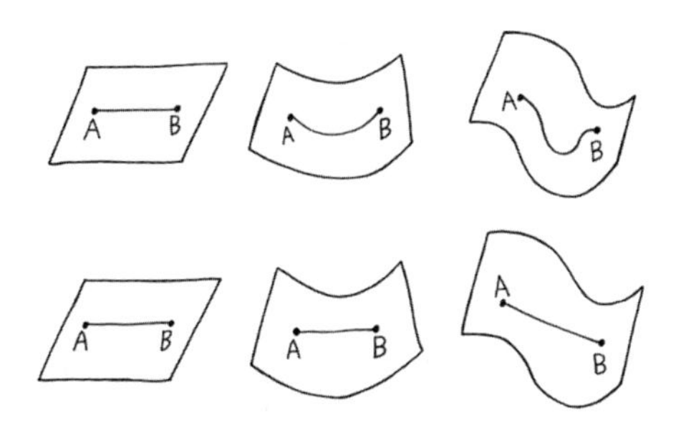

면 위에서 보면 거리의 차이가 없습니다. A에서 B까지 걸어가야 한다고 생각하면 결국 그 면 표면 위에서 움직이기 때문에 똑같은 거리가 걸립니다. 거리의 차이가 없습니다. 이걸 보다보니 영화 〈인터스텔라〉의 마지막 장

면이 생각납니다. 영화에 보면 한 공간에서 천장 위에 논밭이 있고 사람들 사는 공간이 마구 휘어져 있습니다.

이 내면기하의 개념을 처음 제안한 사람이 바로 카를 프리드리히 가우스Carl Friedrich Gauβ와 베른하르트 리만Bernhard Riemann입니다. 기하의 안에서만 봤을 때 기하가 어떤 모양이 되는지에 대해서 생각해보자는 거죠. 예를 들어 종이를 세로로 한 번 휘었다고 가정해보면, 내면기하는 전혀 바뀌지 않습니다. 하지만 한 방향이 아니라 두 방향으로 휜다면 내면 기하는 어떻게 될까요? 다음 그림을 볼까요.

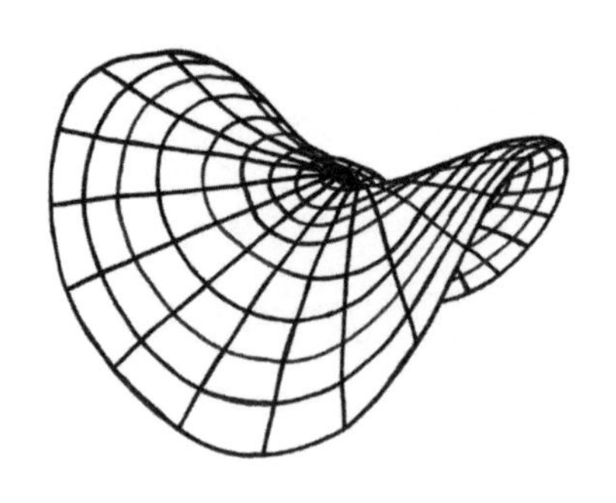

뭔가 감자칩처럼 생겼습니다. 이건 종이 같은 것으로는

만들기 어려워 보입니다. 면이 조금 늘어나야 할 것 같습니다.

맞습니다. 늘어나든 줄어들든 찢어지든, 그런 일이 일어나지 않으면 이런 모양을 만들 수 없습니다. 즉 내면기하를 바꾸지 않으면 만들 수가 없어요. 이처럼 내면기하가 바뀌는 걸 측정하는 것을 리만 곡률이라고 합니다. 내면기하가 바뀐다는 건 내적인 성질이 바뀐다는 겁니다. 우리가 피자를 먹을 때 바로 느낄 수 있지요. 피자를 약간 반으로 접어서 들어올리면 그 상태에서 뒤로는 안 접어지잖아요. 이것도 역시 내면기하가 안 바뀌려고 하기 때문에 이런 겁니다. 물질은 늘어나지 못하게 하는 타성을 지니고 있기 때문이에요.

내적인 성질이 바뀌려면 기하가 바뀌어야 하는 거군요. 그런 내면기하가 바뀐다는 걸 물리적으로는 어떻게 표현하나요?

거리들이 늘어나야죠. 이런 기하학이 큰 영향을 미친 것

중에 하나가 아인슈타인의 일반 상대성 이론입니다. 일반 상대론에 따르면, 중력을 느낀다는 것 자체가 시공간의 곡률을 느끼는 과정이라고 봅니다. 시공간이 휘어졌기 때문이라는 겁니다. 여기서 중요한 건 기본적인 착안입니다. 공간이 휘어서, 우주가 휘어서 중력을 느낀다면, 그럼 우주가 휘어졌다는 게 뭘 의미하는가? 이걸 그럴싸하게 말로 표현할 수는 있어도 사실 직관적으로도 알기 어렵습니다. 우주가 휘어졌다는 게 무슨 뜻인지 알기 어려운 이유가 뭘까요?

우리가 우주 안에 있기 때문이 아닐까요. 우리는 우주의 밖에서 우주를 들여다볼 수 없으니까요.

그렇기 때문에 내면기하의 개념 없이 우주가 휘어졌다는 주장을 하기가 불가능한 겁니다.

그래서 아인슈타인이 상대성 이론을 수학적으로 증명할 때 리만의 도움을 받은 것인가요?

아인슈타인에게 리만 기하가 필요했던 이유가 여러 가지가 있는데, 가장 기초적인 이유가 바로 이것입니다. 내면기하의 개념이 없으면 우주의 기하에 대해서 얘기하는 것이 불가능합니다. 이것이 가우스와 리만의 굉장히 큰 업적이죠.

세 번째 혁명은 일반인들한테 거의 잘 알려져 있지 않은 이론입니다. 알렉산더 그로텐디크Alexander Grothendieck라는 희한한 수학자가 있습니다. 1950년대부터 활동을 시작해서 1960년대에 집중적으로 기하학과 수학 전반에 굉장히 새로운 기초를 제시했죠. 1960년대부터는 계속 프랑스 고등과학원에서 일을 하다가 1970년대에 몽펠리에대학교라는 작은 대학으로 옮겼습니다. 이후 1980년대 중반부터 피레네 성곽의 작은 마을에서 은둔 생활을 시작해 몇 년 전에 죽었습니다. 운둔하는 20여 년 동안 아무도 안 만나고 이상한 글도 많이 쓰고 약간의 정신 이상 증세를 보이기도 했답니다.

그로텐디크는 순전히 대수로부터 기하를 만드는 과정을 발견한 사람입니다. 지금은 그런 종류의 이론이 많이 확장되고 다양해졌지만 그 당시에는 혁신적인 아이디어였습니다. 여기서 우리의 이야기는 수의 스토리와 엮어집니다. 왜냐하면 그로텐디크는 수체계 하나가 주어지면 그 수체계만을 가지고 기하를 만드는 방법을 발견했거든요.

무슨 조물주가 하는 말 같습니다. 컴퓨터에 뭔가를 입력해서 무언가를 창조하는 일 같아 보입니다.

비슷한 느낌을 받을 수 있겠네요. 이해하기 어려운 이론이지만 최대한 쉽게 설명해보겠습니다. 우리는 학교에서 다항식에 대해서 배웠습니다. 처음에는 다항식을 함수로 정의합니다. 그러니까 x^2이 실수를 갖는 걸 함수라고 하죠. x=2이면 4, x=3이면 9인 것처럼 말입니다. 그리고 나서는 다항식 사이의 관계를 이해할 수 있습니다. 가령 $(x+y)^2$를 하면 어떻게 되죠?

$x^2+2xy+y^2$. 이것과 같습니다.

그런데 이것이 같다는 걸 어떻게 증명합니까. 보통 수를 집어넣어서 입증합니다. (4+1)를 제곱하면, $4^2+2\times4+1$이 된다. 4를 집어넣어도 성립하고, 3을 집어넣어도 성립하고, 8을 집어넣어도 성립하고…. 그런 의미에서 등식이 성립한다고 하죠. 그런데 꼭 수를 대입할 때만 저 등식이 성립한다는 것이 아니라, 다항식 자체를 더하고 빼고 곱하면서, 다항식 자체를 또 하나의 새로운 수체계로 생각하는 과정을 흡수하게 됩니다. 그게 대수를 하는 과정입니다.

더 쉽게 말하자면 이런 겁니다. 가령 2+3은 지금은 굉장히 일상적으로 받아들이지만, 수의 개념이 널리 확산되기 전에는 그 등식을 설명하기 위해 사과 2개와 사과 3개를 더하면 항상 5개가 된다. 강아지 2마리와 강아지 3마리를 합치면 강아지 5마리가 된다고 설명을 했을 거예요.

그런데 사과 2개 더하기 강아지 3마리는 어떻게 되나요? 즉 점점 더 구체적인 물건들 사이의 관계를 추상화시켜야 2+3이라는 게 설명이 됩니다. 이렇게 새로운 수체계가 만들어지는 과정을 겪어왔습니다.

그 새로운 수체계가 정확히 뭐라고 설명은 안 하겠습니다. 그 대신 이렇게 물어보지요. 보통 다항식 2개로 이루어진 수체계로부터 만드는 새로운 수체계를 하나 묘사해보겠습니다. 아래 등식 몇 개가 있습니다. 이 등식은 이미 어떤 기하학을 내포하고 있습니다. 무엇인지 맞혀보시겠습니까?

$$x=x^3+xy^2$$

$$xy^4+xy=x-2x^3+x^5+xy$$

$$y^4=1-2x^2+x^4$$

이렇게 봐서는 전혀 모르겠습니다.

조금 어렵지요. 제가 일부러 복잡하게 쓴 탓입니다. 사실 이를 단순하게 바꾸면 이 등식이 나옵니다.

$$x^2+y^2=1$$

이제 등식이 표현하는 기하가 뭔지 알 수 있겠지요?

원입니다. 반지름이 1인 원입니다.

맞습니다. 거꾸로 돌아가서 다시 설명을 하면, 이 등식을 x와 y로 이루어진 다항식들로만 보면 처음에는 그것들도 자칫 평면상에 주어진 함수로 생각할 수 있죠. 그러나 이 다항식을 원의 함수로 보면 다항식 사이에 새로운 등식이 많이 생깁니다. 원을 정의하는 등식 $x^2+y^2=1$과 같이 생각할 때, 평면상에 그려진 모양을 연상할 수도 있지만 원이 정의하는 다항식의 수체계를 생각할 수도 있습니다. 그런데 그로텐디크는 이 과정을 거꾸로 돌려서 임의의 수체계가 주어져도 그것이 어떤 기하를 표현한다는 놀라운 아이디어를 말하고 있습니다. 더하고 빼고 곱할 수 있는 수체계가 주어지면, 그 체계가 어떤 모양을 결정한다는 것입니다.

이걸 이해하는 또 하나의 관점은 '좌표'의 관점입니다. 가령 x^2+y^2라는 다항식을 보겠습니다. (1, 1)이라는 점의 값을 취하면 뭐가 되나요?

2가 됩니다.

(1, 2)에서는요?

5가 됩니다.

이 다항식의 변수 x, y는 평면상의 좌표 함수들입니다. 어떤 수체계가 주어졌을 때 수체계 안의 원소들을 좌표함수의 다항식으로 생각할 수 있다는 것이 그로텐디크의 이야기입니다.

낯선 개념이겠지만 이 중에서도 가장 추상적이고 중요한 것은 정수체계 Z가 결정하는 기하인데요, 보통 이렇게 씁니다.

Spec(Z)

이를 '정수환의 스펙트럼'이라고 부릅니다. 원의 경우와는 달리 이 기하는 달리 표현할 도리가 없는 아주 원초적인 기하이고 수학의 가장 근본적인 구조입니다. 그런 종류의 기하는 마치 현대 추상미술에서 다루듯이 눈으로 볼 수 없는 이데아의 모양을 나타내고 있죠.

20세기 이전까지는 고전적인 기하를 바탕으로 물리학

이 발전해왔습니다. 모양들 사이의 상호작용이 일어나고 모양의 공간 속에서 물체가 움직이는 과정을 기하학적인 관점에서 생각했죠. 하지만 현대 물리학의 경우 그 기하학은 일종의 환상인 것 같다는 인상을 받습니다. 마치 영화 〈매트릭스〉 같은 환상 말이지요. 우주의 미시적인 구조를 들여다보는 양자역학은 고전 역학에 비해서 훨씬 대수적인 성질을 많이 가지고 있습니다. 그러니까 가령 시공간이 연속이 아니라는 개념이 있는데 시공간이 연속적이 아니라면 그것은 기하학적 현상인가요? 그것을 묘사하는 데 필요한 방법은 뭘까요? 그런 걸 고민하는 게 물리학자의 과제인 겁니다.

그래서 대수로부터 기하가 나온다는 이야기를 하신 거군요. 우리가 상상할 수 없는 기하를 표현할 수 있는 방법이기 때문에요. 그것을 추상화하여 체계로 표현하는 것이 수학이네요. 이런 상상은 수학이 물리학을 생성한다든지, 어쩌면 물리적 세계가 수학적 구조 그 자체라는 느낌마저 들게 합니다.

우주의 구조를 설명해주는 대수가 수체계만큼 간단하지는 않겠죠. 지금도 학계에서는 양자장론이나 초끈 이론을 기술하기 위해 복잡한 대수적 구조를 끊임없이 발견하고 가공하고 있습니다. 그중에 어느 것이 시공간의 기반이 될 만큼 핵심적인 구조인가, 이것을 파악하는 작업이 오늘날의 가장 중대한 과학적 과제 중 하나입니다.

앞에서 수학으로부터 물리학이 나온 게 아니냐는 표현까지 나왔는데, 좀 다른 질문을 해보죠. 수학과 자연의 관계입니다. 우리와 수학과의 관계라고 할 수 있겠네요. 쉬운 질문은 아닙니다. 이런 질문도 있을 수 있죠. "수학은 발명된 것인가, 발견된 것인가."

직감적으로는 발명에 가까울 것 같습니다.

요즘 수학자들 사이에서도 발명이라는 입장을 강조하는 사람들이 굉장히 많아요. 여러 가지 이유가 있는데, 수학의 예술적인 면을 강조하는 사람들이 꽤 많습니다. '창조적인 활동이다'라는 점을 강조하기 위해서죠. 이게 수학자들에게서는 당연히 인기가 많을 수밖에 없는 관점입니다.

'발명'이라는 생각을 하니 현실에서는 존재할 수 없는 것들을 표현하는 도형 같은 게 떠오릅니다.

대표적인 예가 로저 펜로즈Roger Penrose라는 물리학자의 책에 나오는 삼각형입니다. 현실에서는 불가능한 입체입니다. 아마 그 아이디어를 이용해서 만들어낸 미술품들도 많이 보셨을 거예요. 대표적으로 M. C. 에셔라는 화가가 있죠. 에셔는 '펜로즈의 트라이앵글Triangle'이라는 그림의 영향을 많이 받았거든요. 실제로 에셔가 이 작품을 만드는 과정에서 두 사람이 편지도 교환했습니다. 이 삼각형에서 우리가 깨닫는 것은 이런 겁니다. 펜로즈의 삼각형은 부분적으로만 보면 가능한 모양처럼 보이지만 전체적으로는 불가능한 모양입니다. 그러니까 '불가능성'에는 '거시적인 구조가 불가능하다'는 아이디어가 포함되어 있는 겁니다.

본론으로 돌아가면, '수학이 발명됐느냐, 발견됐느냐'는 질문은 조금 더 뜻을 분명하게 밝힐 필요가 있습니다. 왜냐하면 수학이라는 학문적 분야는 당연히 발명되는 바가 많겠지요. 그런데 그것은 물리학, 화학, 생물 모두 마찬가지입니다. 학문이라는 것은 인간이 현상을 이해하기 위해서 만들어낸 문화의 산물이니까 역사적인 측면, 전통, 언어, 관습, 이 모든 것과 긴밀하게 엮여 있습니다. 그래서 실제 의미 있는 질문은 학문 수학에 대한 것이 아니고 '수학에서 공부하는 개체들이 발명되는 것이냐, 발견되는 것이냐'하는 겁니다.

이런 질문의 가장 대표적인 대상이 바로 수일 것입니다. 수는 진짜 세상에 있는 건가요. 아니면 우리가 그냥 발명한 것일까요?

만들어졌다는 생각이 강한 것 같습니다. 예를 들어 '마이너스'라는 개념도 그렇습니다. 있었다가 없어진 것, 혹은 뭔가가 존재하기 위해서 얼마만큼이 더 필요한가. 이런 것들을 설명하기 위한 언어라는 느낌이 있기 때문입니다.

상당히 강한 관점 중에 하나입니다. 그런데 물리학의 개체들에 대해서도 똑같이 질문을 던져보죠. 가령 우리는 '에너지'라는 말을 알고 있습니다. 그런데 에너지라는 게 뭘까요? 특히 '위치 에너지' 같은 개념은 굉장히 중요하면서도 마이너스 수와 비슷한 면이 있습니다. 물체가 운동하면서 위치 에너지가 생기기도 하고, 없어지기도 하는데, 눈으로 볼 수 있는 것은 전혀 없으니까요. 이런 질문은 어떻습니까? 고양이가 뭐죠? 과연 고양이라는 게 있는 건가요?

특정한 고양이는 있는 것 같은데, 고양이라는 분류가 진짜로 존재하는 건가? 이런 의문이 들 수 있습니다.

그렇습니다. 고양이끼리는 뭔가 비슷합니다. 개와 고양이는 다르니까요. 그런데 우리에게 뭐가 비슷하냐고 당장 표현하라고 하면 굉장히 어렵습니다. 마찬가지로 수가 있는가라고 물으면, 우리는 '한 개, 두 개'처럼 수가 있지 않냐고 말할 수 있습니다. 그런데 왜 그렇게 수를 셀 수 있냐고 물어보면 대답하기 어렵습니다. 한 가지만 더 어려운 질문을 더 할까요. 물리학에 따르면 우리는 무엇으로 만들어졌나요?

물질로 만들어졌습니다. 물질은 원자로 이루어졌다고 합니다.

네 그렇습니다. 물리학에서 물질은 전부 다 쿼크라는 소립자와 전자로 만들어졌다고 합니다. 그리고 그것들은 다 똑같은 성질을 가지고 있다고 합니다. 그렇게 보면 우리 자신도 어떤 아이덴티티가 있다고 생각하지만, 현대 물리학의 입장에서는 그냥 똑같은 물질을 가지고 배열을 다르게 해놓은 겁니다. 배열에 따라서 이런 사람이 되고, 저런 사람이 되는 거죠.

그다음 질문을 예상할 수 있습니다. 그러면 배열이라는 게 존재하는 건가, 안 하는 건가? 이렇게 물으실 거지요?

들켰네요. 우리가 흔히 이런 질문을 하지 않습니까. 어제의 나와 오늘의 나는 같은 사람일까, 아닐까?'

그런 질문을 하면 보통의 인문학 전공자들은 내 몸이 똑같다고 해도 자신을 구성하는 경험, 관계 등이 바뀌었으니, 다르다고 대답합니다. 어제의 나와 오늘의 나는 같은 존재가 아니라는 거죠. 이런 것들이 바뀌어 있으니 내 몸이 똑같다고 해서 어제와 같은 존재가 아니라는 거죠.

하지만 그럼에도 어제도 나는 김민형이고, 오늘도 나는 김민형입니다. 수학자라면 이렇게 이야기하겠네요. 물론 우리는 나이가 드니까 60세인 김민형과 20세인 김민형은 당연히 다르겠지요. 하지만 그럼에도 '굉장히 강하게 지속되는 면이 많이' 있습니다. 정량적인 측면에서 보면 나와 다른 사람을 비교할 때보다, 나를 어제의 나와 비교할 때 훨씬 더 정량적으로 지속성과 유사성이 많은 거지요. 그렇다고 그 김민형의 아이덴티티가 무엇인지 규명할 수 있는 것은 아닙니다. '무엇이 세상에 있다'라는 주장은 막상 아주 당연해 보이는 것에 대해 말할 때도 해명하기 어렵습니다.

이야기를 원래 질문으로 돌리자면, 수학이 '발명'되었다는 관점에 대해 비판적인 입장이라는 느낌이 듭니다.

조심할 점은 수학이 '발명됐다'는 주장과 '언어의 일종이다', '상상의 산물이다' 이런 종류의 주장은 꽤 다르다는 것입니다. 일상생활에서 '발명품'을 이야기할 때는 어떤 것을 연상하지요? 각종 기계를 생각합니다. 전자 제품, 도구 등이죠. 그런데 그것은 실제로 세상에 있는 건가요? 아니면 공상 속에 있나요? 발명품은 자연에 있는 재료를 가공해서 만드는 진짜 물건입니다. 따라서 논리적으로 '언어나 공상→발명'이지만 '발명→언어나 공상'이 될 순 없습니다. 발명이라고 해서 실제 세상에 없는 것은 아니라는 뜻입니다.

수학에서도 그런 것은 많이 있습니다. 예를 들면 많은 수체계가 그런 성격을 띠고 있지요. 제 느낌으론 정수, 실수 체계, 복소수 체계는 자연에 있습니다. 나머지 연산까지도 자연에 있는 것 같은데 원소가 0과 1로 이루어진 100단위 수체계는 마치 기계처럼 보입니다. 그러니까 수학적 구조에 대해서도 3가지로 구분해야 하겠습니다.

1. 자연에 있는 구조
2. 발명되는 기계 같은 구조
3. 공상이나 언어

이 분류를 정확하게 적용하는 것은 물론 어렵습니다. 그럼에도 간단하게 몇 가지만 나열해보면 '위상', '군', '벡터' 이런 것은 1번이고 '큰 유한 수체계'나 기계 학습에 사용하는 '뇌 신경망'은 2번인 것 같습니다. 3번에 속하는 수학은 지속적인 것이 많지 않기 때문에 쉽게 떠오르지 않네요. 그리고 책으로 남기면 동료 수학자에게 야단맞을 것이 두려워 3번 이야기는 안 하겠습니다.

따로 이야기해주십시오.

수학이 언어와 공상이라는 주장 외에 '수학이 논리'라는 주장은 이미 짚어봤습니다. 여기서 수학이 논리학만은 아니고, 대부분의 학문이 논리를 사용한다는 점을 들어 이 관점을 비판했습니다. 재미있는 것은 수학자들 자신도 수학=논리라는 관점을 표명하는 경우가 꽤 많다는 점입니다. 그것은 자신의 경험과 상당히 상반되는데도 말입니다. 제가 수학을 전공하는 학생들이 갖고 있는 편견을 깰 때는 이 일부터 하는 것 같습니다.

왜 수학자들이 그런 편견을 갖게 될까요?

'수학은 확실하다'는 데 집착하기 때문이 아닐까요? 이는 물론 오류입니다. 저는 수학의 확실성은 그다지 중요하지 않다는 점을 강조하고 싶습니다.

수학이 틀려도 괜찮다는 말인가요?

물론 틀리지 않도록 개인적으로나 공동체적으로 엄밀한 기준을 적용하며 노력해야지요. 그건 문학이라고 해도 마찬가지입니다. 그릇된 논리를 사용할 수는 없으니까요. 그렇지만 학문은 항상 진리를 근사해가는 과정입니다. 따라서 가끔 오류가 나오거나 나중에 교정한다고 해서 큰일이 나지는 않습니다. 기계에 약간 이상이 있더라도 고치고 개선해서 쓰면 되는 것입니다. 수학을 선험적인 지식으로 인식하게 되면 수학에 약간의 흠만 있어도 다 무너져버릴 것으로 오해하기 십상입니다. '확실한 앎'에 대한 집착이 불러들인 일종의 환상이죠. 실제로 세상에 확실한 게 어디 있겠어요?

수학적인 증명이 무엇이냐 물어보면, 그게 무슨 특별한 사고라고 생각하는 사람들이 있습니다. 수학은 공리로부터 출발하여 순수 논리만 적용해서 결론을 얻어내는 학문이라는 인식이 그렇습니다. 그렇지만 제가 앞에서 강조했듯이 가정에서 논리적인 결론으로 가는 것은 어느 학문이나 쓰는 개념적 도구입니다. 사실 수학자들이 수학을 할 때는 구체적인 공리가 무엇인지 모르는 경우가 대부분입니다. 예를 들면 철학자들이 수학적 사고의 핵심이라고 생각하는 '페아노Peano

산수의 공리'나 '집합론의 공리'를 정확하게 알고 있는 수학자는 제 주위에 거의 아무도 없을 것입니다. "언제 한번 들어봤던 것 같다" 정도지요.

보통 수학적 사고를 할 때는 공부하고자 하는 구조의 성질을 이것저것 아는 것이지, 체계적인 공리에 대해서 생각하는 일은 거의 없습니다. 공리에 대해서 생각할 때도, '어느 공리가 합당한가'가 제일 중요한 질문입니다. 왜냐하면 수학의 공리라고 할 만한 것들은 대부분 물리학자들이 '이론'이라고 부르는 것과 비슷하니까요. 둘 다 자연의 모델을 제시하는 것입니다.

이런 질문을 해봅니다. 수학에서 새로운 연구 논문을 저널에 게재할 때 자격 요건이 3가지 있습니다. 어떤 것일까요?

우선, 이전에 하지 않았던 것이어야 합니다. 두 번째는, '맞는 이론'이어야 한다?

그 2개는 맞긴 한데, 어쩌면 당연한 요구 조건입니다. 문제는 사실 세 번째 요건에 달려 있습니다.

이제까지 대화한 내용을 따라가 보면 유추할 수 있습니다. 그것은 "의미있는 질문이어야 한다"는 게 아닐까요?

네, 그게 가장 중요한 조건입니다. 왜냐하면 질문이 의미 있어야, 그 질문의 결과가 의미 있는 결과인지 아닌지 판단할 수 있기 때문입니다.

그런 의미에서 수학적 실험은 굉장히 중요합니다. 상당히 많은 주요 연구 주제가 실험으로부터 출발하기 때문입니다. 리만 가설 같은 것이 대표적입니다. 리만 가설은 가우스와 리만이 소수의 분포를 열심히 계산하면서 패턴을 찾으려는 실험을 하다가 나온 것이지요. 이런 명제를 생각해보지요. '구와 위상이 같은 다면체는 항상 오일러 수가 2다.' 물론 이것이 사실이라고 이미 말씀드렸지요. 그러나 그걸 알기 전에 이런 가설이 떠올랐다면 어떻게 해야 할까요? 당연히 이 모양 저 모양 계산해 봐야겠지요.

물리학과 마찬가지로 수학 연구에서도, 반복적인 패턴의 관찰로 시작해서 가설을 세우고 실험해보는 과정이 학문의 발전에서 중심적인 역할을 합니다. 게다가 가우스나 리만이 활동하던 19세기에 비해서 지금은 컴퓨터 덕에 엄청난 계산도 굉장히 쉬워진 시대이기 때문에 수학 실험은 점점 중요해지고 있습니다.

예전에 신문에 나오는 지능검사 중에 재미난 게 하나 있었습니다. 몇 종류의 수를 보여줍니다. 그리고 이 수가 어떤 패턴을 만족하는지 맞혀보라고 합니다. 가령, '2, 4, 8'이라는 수열을 보여주고 규칙이 무엇인지 맞히는 것입니다. 이 실험에서는 최종적으로 정답을 입력하기 전에 얼마든지 실험을 해보는 것이 가능합니다. 수를 몇 개씩 입력해보며 그 수열이 규칙을 만족하는지를 확인할 수 있습니다. 자, 보통은 어떻게 할까요? 처음 2, 4, 8의 수열을 본 피실험자는 이 수열이 각 항에 2를 곱하는 등비수열이라고 생각합니다. 그래서 자신의 가설이 맞는지 확인하기 위해 '3, 6, 12', '5, 10, 20', 또 '7, 14, 28'이라고 입력해봅니다. 그때마다 기계는 예스Yes라고 답하죠. 몇 번의 실험에서 예스라는 답을 받은 피실험자는 이 패턴에 대해 '2를 곱하는 등비수열'이라 확신하고 답을 입력합니다. 그런데 이것은 정답이 아닙니다. 정답은 '증가수열'이었죠. 함정에 빠진 것입니다. 이 답을 맞히려면 애초에 우리가 세웠던 가설과 다른 실험을 해봤어야 합니다. '1, 2, 3'도 해보고, '51, 100, 777'도 해봐야죠.

가설과 다른 수열을 입력함으로써 가설을 반증해야 한다는 것이군요.

그렇습니다. 이 지능검사의 요점은 바로 노No라는 답을 받음으로써 실제 패턴을 찾아내는 것입니다. 그런데 자꾸 예스라는 답을 받고자 실험을 하면 계속 오류를 범하게 됩니다. 오히려 가설을 세우고 이를 반증하려는 노력이 필요하다는 말입니다. 이 문제의 함정인 것이지요. 그런데 많은 사람들이 왜 이렇게 하지 않았을까요? 여러 이유가 있을 겁니다. 그중 하나의 이유로 '틀리기 싫기 때문에 맞다고 생각하는 패턴을 넣는다'는 가설을 세울 수 있겠네요. 실험에서 틀리기 싫기 때문에 결론에서 틀리는 겁니다. 그런데 검증을 하려면 안 맞는 걸 자꾸 만들어보려고 노력해야 합니다. 이런 접근 방식이 수학을 연구하는 데 굉장히 중요합니다.

수학자들도 자신이 맞기를 바라는 마음은 초등학생과 똑같군요.

당연히 그렇죠. 때문에 수학을 잘하려면, 특히 창조적인 수학을 잘하려면 가설을 세웠을 때 그 가설이 틀릴 수 있는 가능성도 자꾸 만들도록 노력해야 한다는 겁니다. 자기 주장이 어떻게 틀릴 수 있는지 자꾸 해봐야 합니다. 그렇지 않으면 자기도 모르게 고장이 많은 큰 기계를 만들게 되어버리는 겁니다.

수학은 정답을 찾는 게 아니라, 인간이 답을 찾아가는 데 필요한 명료한 과정을 만드는 일이라고 생각합니다. 우리가 맨 처음에 했던 질문이 기억나나요? '수학이란 무엇인가'라는 질문이었습니다. 이제 그 질문을 다시 하고 싶은 생각이 들지는 않을 겁니다. 여전히 답을 말하기 어렵습니다. 그럼에도 불구하고 우리는 수학에 대해, 수학적으로 사고한다는 것에 대해 느끼고 있습니다. 더 탐구하게 되고, 생각하게 되겠지요. 무엇보다 수학이 이제 특정한 논리학이나 기호학과 같은 학문이 아니라, 우리가 세상을 이해하고 설명하는 방식이라는 것을 이해했을 겁니다.

일상의 문제에서도 정답부터 빨리 찾으려고 하기보다 좋은 질문을 먼저 던지려고 할 때, 저는 그것이 수학적인 사고라고 생각합니다. 어쩌면 대범하게도 수학적 사고를 통해서만 우리는 좋은 질문을 던질 수 있고, 우리가 찾은 답이 의미 있는지 확인할 수 있다고 말할 수 있습니다.

특강 숫자 없이 수학을 이해하기

'수학이 무엇인가'라고 물었을 때 가장 먼저 떠오르는 답이 '숫자'였다고 했지요? 엄밀하게 말해 숫자와 수는 다릅니다.

어떻게 다른가요? 숫자가 아닌 수를 생각할 수 있나요?

우선 숫자가 무엇인지 잠시 생각해보지요. 우리가 1, 2, 3이라고 쓰고, 한자는 一, 二, 三 이렇게 쓰고, 로마자로 I, II, III라고 표기하는 등, 수를 표현하는 여러 표기 방법들을 숫자라고 부릅니다. '나무'라고 쓰든 'Tree'라고 쓰든 이것들은 나무를 표현하는 언어일 뿐이지, 진짜 나무는 아닙니다. 그게 숫자와 수의 차이라고 할 수 있죠. '수학'과 '수학의 언어'의 차이입니다.

그러고 보니 그렇네요. 그런데 그러면 '수' 그 자체는 무엇이지요?

'x는 무엇이냐'라는 질문은 항상 어렵습니다. '고양이는 무엇이냐'는 질문 역시 우리가 답에 대한 여러 직관을 가지고 있음에도 정확한 답을 하기는 상당히 어렵습니다. 이런 개념들이 모두 긴 역사 속에서 연역적으로 형성되기 때문이겠지요. 어쩌면 수학적 개념들이 오히려 다른 개체들을 정의하는 데 사용되는 기본 개념들이기 때문에 가장 정의하기 어려울 수도 있습니다.

물리학적 세계관으로 보면 전 우주가 각종 입자로 이루어져 있다고 합니다. 이때 입자의 정의나 입자들의 상태, 상호작용 등은 모두 수학으로 표현될 수 있습니다. 그런 관점에서는 수학적 개념들이야말로 '개념 입자'로 볼 수 있습니다. 복잡한 개념 하나가 주어졌을 때 그게 어떤 수학적 개념으로 구성되어 있느냐, 혹은 수학적 청사진이 무엇이냐가 그 개념의 정의가 되겠죠. 수학에는 더는 쪼개지지 않는 원시적인 개념들이 많기 때문에 다른 어떤 분야보다 어려운 정의를 더 많이 내포하게 되는 것입니다.

그런데 이런 설명의 난점에도 불구하고 수가 무엇이냐는 질문에는 비교적 쉽게 답할 수 있습니다. 수는 '수체계를 이루는 여러 원소 중 하나'입니다.

수체계는 무엇입니까? 오히려 정의가 개념을 이해하는 데 더 어렵게 만드는 것 같습니다.

그럴 수도 있지요. 어떤 개체를 정의하기 위해서 그걸 둘러싼 시스템을 이용하고 있기 때문입니다. 그래서 복잡해 보이기도 하지만, 어떤 개체든지 주위 다른 개체들과의 상호작용에 의해서 정체성이 결정된다는 생각은 사회와 개인의 관계를 생각하면 그리 생소한 설명은 아닙니다.

그러면 예를 통해서 이런 착상을 한번 탐구해봅시다. 여기 몇 개의 등식이 있습니다.

$a+a=a$

$a+b=b$

$b+b=c$

$c+b=d$

$c+c=e$

$c+d=f$

$d+d=a$

위 등식에 따라 다음 문제를 풀어봅시다. b+b+b는 무엇일까요?

b+b=c니까, b+b+b는 c+b와 같습니다. 답은 d가 됩니다.

맞습니다. 그럼 b+b+c는 어떻게 될까요?

b+b는 c니까, c+c=e가 되겠지요.

이렇게 해보면 수와 숫자가 어떻게 다른지 그 차이가 금방 느껴집니다. 여기서 우리는 숫자를 전혀 사용하지 않고 계산을 했습니다. 그러면서 어떤 원리를 자연스레 사용했습니다. 어느 것을 먼저 계산하라고 아무도 말하지 않았는데도 자연스럽게 앞의 b+b=c를 먼저 계산하고 그 뒤에 c+b=d를 대입해서 계산했습니다. 이 과정을 보면, 우리는 b+b+b에 괄호를 하나 집어넣어서 (b+b)+b를 계산한 것이나 다름없습니다. 괄호를 다르게 치면 어떻게 되죠? b+(b+b)=b+c가 됩니다. 그러면 b+c는 무엇일까요?

음… d겠죠?

자, d라고 했는데, 망설여지죠? 왜 망설였죠?

위에서 제시한 식과 순서가 달라서입니다. b+c와 c+b가 같은지 갑자기 의문이 생깁니다.

아주 좋은 의문입니다! c+b와 b+c는 단지 순서만 다릅니다.

우리가 보통 숫자로 계산하면 자리가 바뀌어도 답이 같습니다. 그런데 여기서는 숫자가 아닌 문자로 연산을 하고 있죠. 그러니 숫자를 사용할 때와 똑같이 가정해도 되는지 의문이 생길 수 있습니다. 제가 여기에 'b+c=d'라는 식을 먼저 드렸으면 망설임 없이 대답했을 겁니다. 더 일반적으로는 이렇게 말합니다.

모든 x, y에 대해서 x+y=y+x다.

이렇게 규정함으로써 한 번에 자리 바꿈을 허용할 수도 있겠지요. 혹시 이 등식이 항상 성립하는 연산의 성질을 무어라고 표현합니까?

'교환법칙'이라고 배웠습니다.

네. 보통 수를 가지고 하는 계산에서는 교환법칙이 성립한다는 것을 알고 있지요. 보통의 자연수체계에서는 어느 걸 먼저 계산해도 상관이 없습니다. 1+2를 먼저 하고 거기에 3을 더한 것과 2+3을 먼저 하고 1을 더한 것은 같죠. 하지만 숫자가 아닌 기호로 새로운 연산을 만들다보면 다르게 느껴집니다. 또 글자의 순서뿐 아니라 연산 자체의 순서도 모호해집니다. 사실 b+b+b라고 썼을 때 어느 연산을 먼저 하라고 지시하지 않으면 답하기가 약간 모호합니다. (b+b)+b로 계산하느냐, 혹은 b+(b+b)로 계산하느냐를 언급하지 않았으니까요. 첫 번째 선택은 c+b가 되고 두 번째는 b+c가 됩니다. 따라서 이 2개가 같은가의 문제는 연산 순서를 결정하는 데도 중요한 영향을 미칩니다.

'수와 식의 계산이 주어졌을 때 연산의 순서를 바꾸어 계산해도 그 결과가 같다'는 법칙을 결합법칙이라고 합니다. 연산을 정의할 때 가장 기초적인 고려사항 중에 하나입니다. 결합법칙은 보통 연산 2개에 대해서 이런 등식을 가정합니다.

(1) $(A+B)+C=A+(B+C)$

이는 더 긴 연산에도 마찬가지로 적용됩니다. 가령 A+B +C+D의 답을 구할 때 결합법칙이 성립하면,

$((A+B)+C)+D$, $(A+(B+C))+D$, $A+((B+C)+D)$,
$(A+C)+(B+D)\cdots$

이런 식으로, 어떤 순서로 하든 답은 같습니다. 등식 (1)만 가정하면 이 모든 연산이 결과가 같다는 사실을 쉽게 나타낼 수 있습니다.

그런데 처음에 본 a, b, c, d, e, f 사이의 연산은 교환법칙과 결합법칙이 성립하나요?

어떻게 생각하세요? 성립할 것 같으세요?

아직도 정보가 부족합니다. 앞에서 지적하셨듯이 b+c가 무엇인지 아직 이야기하지 않았습니다.

그렇지요! 연산을 다 정의하지도 않았죠. 더 정보를 드리기 전에는 알 수 없네요. 그러면 다음과 같이 연산표를 더 자세히 만들어 드리겠습니다.

[연산 1]

+	a	b	c	d	e	f
a	a	b	c	d	e	f
b	b	c	d	e	f	a
c	c	d	e	f	a	b
d	d	e	f	a	b	c
e	e	f	a	b	c	d
f	f	a	b	c	d	e

이제는 어떻습니까? 우선 교환법칙이 성립한다는 것을 금

방 아시겠지요? 대각선을 따라 있는 대칭성이 교환법칙을 나타냅니다. 그러니 처음 계산에 의해서 b+b+b는 (b+b)+b로 계산하든 b+(b+b)로 하든 답이 같다는 것을 이 표를 통해 알 수 있습니다. 다른 경우도 확인해볼까요? 가령 (c+d)+e와 c+(d+e)는 같습니까?

> 연산표에 의하면 c+d=f니까 왼편은 f+e, 그러니까 답이 d입니다. 그런데 d+e는 b니까 오른편은 c+b, 따라서 그것도 d입니다. 이 경우에는 확인이 되네요. 모든 가능성을 다 확인하기에는 시간이 좀 걸릴 것 같습니다.

표가 주어져도 결합법칙을 모두 확인하기는 상당히 어렵습니다. 그렇다면, 이번엔 제가 그냥 보장을 하지요. 이 연산표는 확실히 결합법칙이 성립합니다. 혹시 이 표가 보통 수로 하는 덧셈을 표기만 영문 글자로 바꾼 것은 아닐까요? 가령 a의 성질이 0과 비슷하지 않나요? b는 또 1과 성질이 비슷하지요?

> b가 1은 아닌 것 같습니다. 왜냐하면 b+f=a잖아요. a가 0이고 b가 1이면 f는 -1이 되어야 하는데 무언가 안 맞는 것 같습니다. 그리고 d+d=a라면 d도 0이어야 하지 않나요? 그런데 표의 다른 부분을 보면 d가 0일 수는 없는 것 같습니다.

수학적인 논리 전개 방법에 익숙해지고 있군요. 사실 이 표가 수의 덧셈일 수 없는 더 간단한 이유도 있습니다. 보통 수 몇 개의 덧셈을 해보면 됩니다. 0, 1, 2, 3, 4, 5의 덧셈을 생각해보세요. 앞의 연산표와 두드러진 차이 하나가 금방 눈에 띄지요?

덧셈의 결과가 6개의 수 밖으로 나가버립니다. 1+5=6, 3+4=7 이렇게요.

그렇습니다. 보통 수 6개로 덧셈을 하면 결과가 항상 그 수들의 집합으로 되돌아올 수는 없지요. 0이 아닌 자연수는 자기 자신하고만 자꾸 더해도 무한히 많은 다른 수들이 생깁니다. 그래서 우리가 정의한 연산을 '유한수체계'라고 부릅니다. 유한 개의 원소가 자기들끼리만 연산을 하는 시스템이라는 의미입니다.

유한수체계가 이것 말고도 많이 있습니까?

그걸 답하기 위해서는 '수체계'의 정의를 더 조심스럽게 내려야 할 것 같습니다. 지금은 일단 연산의 예를 몇 개 더 보여드리겠습니다.

[연산 2]

+	c	e	a	d	b	f
c	c	e	a	d	b	f
e	e	a	d	b	f	c
a	a	d	b	f	c	e
d	d	b	f	c	e	a
b	b	f	c	e	a	d
f	f	c	e	a	d	b

이건 어떻게 생각하세요?

뭔지 앞의 표와 비슷한 인상을 줍니다. [연산 1]은 a+d가 d인데 여기서는 f입니다.

그렇지요. 분명히 글자 그대로 연산하면 결과는 다릅니다. 그런데 어떤 면에서 비슷하다고 느끼시나요?

'구조'가 비슷합니다.

아주 중요한 지적입니다. 그런데 '구조'라는 단어가 우리 상황에서 아주 적절하면서도 '그게 뭐냐?'라는 질문에 답하기는 어렵습니다. 그럼에도 구조가 비슷하거나 같다는 말의 뜻을 이런 수학적인 예로부터 이해해나가야 합니다. 레비스트로스와 같은 구조주의자들이 어떤 인문사회적 현상을 분류할 때의 직관도 정확히 이러했습니다. 가령 신화 둘의 구조가 같다는 말을 할 때에도 근본적인 아이디어는 이 상황과 같습니다. 신화를 구성하는 요소들의 역할을 바꾸면 중요한 성질들을 표현하는 의미 있는 대응관계를 찾을 수 있다는 뜻입니다.

두 표 사이의 정확한 관계를 파악했습니다. a 와 c 그리고 b와 e의 역할을 바꿨을 뿐이네요.

그렇습니다. 그렇게 표현하면 '구조적으로 같다'는 말의 의미가 더 분명해집니다. 연산표를 하나 더 공부해봅시다.

[연산 3]

+	a	b	c	d	e	f
a	a	b	c	d	e	f
b	b	c	a	f	d	e
c	c	a	b	e	f	d
d	d	e	f	a	b	c
e	e	f	d	c	a	b
f	f	d	e	b	c	a

이 표는 어떻게 생각하십니까?

a, b, c 사이의 연산은 [연산 1]과 상당히 비슷한데… 똑같지는 않네요. 교묘하게 역할 몇 개를 바꾸었나요?

이번에도 '구조'를 유심히 보십시오. [연산 1]과 [연산 2]에 비해서 뭔가 대칭성이 덜하지 않나요? 가령 d+e는 무엇입니까?

b입니다. 그런데 순서를 바꿔 계산하면 e+d=c입니다. 교환법칙이 성립하지 않습니다.

그런 것이 정확히 구조적인 차이입니다. 글자 사이의 역할만 바꾸어서는 교환법칙이 사라질 리가 없습니다. 결합법칙은 어떤가요? 한 경우만 검사해볼까요? b+d+f를 서로 다른 순서로 계산해보지요.

$(b+d)+f=f+f=a$

$b+(d+f)=b+c=a$

이를 통해 $(b+d)+f=b+(d+f)$라는 등식이 성립한다는 사실을 확인했습니다. 이 경우에도 일반적으로 $(x+y)+z$가 $x+(y+z)$가 같은

지 검사하는 것은 상당히 어렵겠지요? 이런 식으로 결합법칙은 항상 조금 어렵습니다.

연산 중에 결합법칙이 성립하지 않는 연산도 있나요?

어떻게 생각하세요? 그럴 땐 빈 연산표를 잠깐 고려해보지요.

+	a	b	c	d	e	f
a						
b						
c						
d						
e						
f						

원소가 6개인 집합에 연산을 정의하는 것은 이 표를 채워넣는 과정입니다. 임의로 넣어도 연산법칙이 되지요. 그런데 과연 임의로 원소를 채워 넣었을 때 결합법칙이 성립할까요? 한 번 직접 실험해 보십시오.

우리는 가끔 자연에서 만든 패턴 중에서도 크리스털이나 구처럼 굉장히 기묘하고 짜임새 있는 구조들을 발견합니다. 돌에 화학작용이 일어나서 만들어진 패턴들인데, 그게 생명 같이 보이기도 하고, 어떨 때는 그냥 보통 무기물질로 보이기도 하죠. 자연에서 기발한 대칭성을 발견하는 경우는 많습니다. 그런데 우리가 만약 이런 도표를 우연히 어딘가에서 발견했다면? 가령 화성에서 발견했다면? 6개 기호가 각각 가로 세로로 펼쳐진 표를 발견했는데, 연산표라 생각하고 확인해보니 결합법칙이 성립하더라. 그러면 어떻게 보이겠어요?

고도의 지능을 가진 외계인이 만들었다는 느낌이 들 듯합니다. 자연 현상에서는 일어날 수 없는 일일 테니까요.

그렇습니다. 결합법칙이 성립하는 연산이란 상당히 드문 구조입니다. 아무렇게나 정의한다고 만족되는 것은 아니죠. 강력한 제약 조건에 따라서 짜임새 있게 만드는 연산입니다.

그런데 자연수의 세계에서는 결합법칙이 성립한다고 하셨는데, 실제로 결합법칙이 성립하는 표를 만드는 게 그렇게 어려운 일이라면, 사실 우리가 자연수라고 생각하는 것들이 수의 세계에서 어떤 위치를 차지하고 있는 지 궁금해집니다.

그 궁금증을 탐구하기 위해서 이제는 수체계에 대해서 더 정확히 기술하는 것이 좋겠습니다. 그것도 예로 시작하도록 하지요. 원소가 세개인 집합 {M, J, B}에 연산을 2개 정의하겠습니다.

+	M	J	B
M	M	J	B
J	J	B	M
B	B	M	J

X	M	J	B
M	M	M	M
J	M	J	B
B	M	B	J

아까도 같은 집합에 연산을 여러 개 정의하지 않았나요, 연산 1, 연산 2, 하는 식으로…?

네. 그런데 지금은 두 연산 사이의 관계가 더 긴밀합니다. 두 연산이 구조적으로 다르다는 것이 금방 눈에 보이지요?

네, 둘째 연산은 M만 3번 나타나는 행과 열이 있습니다. 두 연산은 각각 +, ×로 구분되어 있습니다.

그렇습니다. 첫째 연산은 덧셈과 비슷하고 둘째는 곱셈과 비슷하다는 뜻으로 그렇게 표기했습니다.

그러고 보니 M은 0, J는 1이 아닌가요?

그 뜻은 연산 속에서의 역할이 그렇다는 뜻이지요? 네. M은 '구조적으로 0'이고, D는 '구조적으로 1'입니다. 덧셈표에서도 M이 0과 같다는 성질을 확인할 수 있습니다. 그러면 B는 무엇일까요?

글쎄요. 2 같기도 한데 정확하진 않네요. 가령 B×B=J니까.

네. B+J=0 이기도 하지요. B=-1은 어떤가요?

그러면 B×B=J (=1)가 설명되지만 J+J=B가 해석이 안됩니다.

그렇습니다. 따라서 B는 구조적으로 2의 성질도 있고 -1의 성질도 있습니다. 보통의 수와 정확한 대응이 안 된다는 뜻입니다. 이는 아까 다른 시각에서도 지적했지요? 유한 개의 자연수는 덧셈에 대해서 닫혀 있을 수가 없었지요. 보통은 수 몇 개로 연산을 하면 항상 새로운 수들이 나오잖아요? 그래서 이 연산 둘을 가지고 보통과 다른 새로운 수체계를 정의한 것 입니다.

앞에서 수체계에 관해 설명했습니다. 설명을 더 보충하자면, 어떤 집합에 연산 2개가 주어져서 하나는 덧셈 비슷한 성질을 가지고 있고 다른 하나는 곱셈 비슷한 성질을 가지고 있으며, 둘 사이에 또 적당한 관계가 성립되면 수체계라고 부릅니다. 그래서 수체계가 주어졌을 때 그 체계 속의 원소는 수라고 부릅니다.

그러니까 수체계가 있는 것이지, 수라는 특별한 개체가 있는 것이 아니군요.

그렇습니다. 이미 보셨듯이 수체계의 원소를 표기하는 글자는 중요치 않을뿐더러, 수체계 자체도 그 '구조'가 중요하기 때문에 개별적인 원소가 정확히 무엇이냐는 별 상관이 없습니다. M, J, B로 표기한 체계는 지금 대화하는 우리 이름의 글자를 따온 겁니다. 우리 3명의 집합에 연산을 정의했다고 해도 상관없습니다.

그런데 연산에 대해 한번 생각해봅시다. 수학을 배울 때 가장 먼저 배우는 연산이 덧셈과 곱셈입니다. 그런데 당연한 연산을 수체계 안에서 보니 원소들 간의 관계를 나타내는 특별한 성질이 있는 듯합니다. 덧셈과 곱셈의 차이는 무엇입니까? 막상 대답하기 어렵지요? 차근차근 따져보겠습니다.

우선 0, 1과 구조적으로 같은 원소 둘이 있어야만 합니다. 덧셈과 곱셈은 모든 원소 X에 대해서 0+X=X, 1×X=X가 성립하는 성질을 가지고 있습니다. 그래서 0을 '덧셈에 대한 항등원' 그리고 1을 '곱셈에 대한 항등원'이라고 부릅니다. 우리 {M, J, B} 체계에서는 M이 0같고 J가 1 같다는 관찰을 이미 했지요. 그렇게 곱셈표에 대입을 하면 안에서는 반드시 0×X=0이 항상 성립하게 됩니다. 이처럼 덧셈에 대한 항등원 0과 곱셈에 대한 항등원 1의 성질이 다르기 때문에 덧셈과 곱셈의 구분이 가능해집니다. 그보다 더 중요한 차이는 아직 언급하지 않은 성질, 덧셈과 곱셈의 관계로부터 나옵니다.(사실은 0×0=0이라는 사실도 이 관계에서 나옵니다.)

두 연산 사이에 긴밀한 관계가 있다고 하셨습니다.

네. 그것이 바로 '분배법칙' 입니다. 모든 X, Y, Z가 X×(Y+Z)=X×Y+X×Z를 만족한다는 법칙입니다.

{M, J, B} 수체계는 이 법칙을 만족하나요?

그렇습니다. 그것은 별로 어렵지 않게 확인할 수 있으니까 반드시 한두 가지만이라도 검사해보십시오.

아까 결합법칙이 만족시키기 어려운 성질이라 했는데 분배법칙은 더 어렵습니다. 연산 2개를 정의하면서 둘 사이에 특별한 조화를 유지해야 한다는 뜻이거든요. 주먹구구식으로 해서는 그런 연산 2개를 만들 수가 없지요. 그런데 분배법칙 안에서 하는 역할을 보면 덧셈과 곱셈의 구분이 분명해집니다. X×(Y+Z)=X×Y+X×Z는 성립하지만 X+(Y×Z)=(X+Y)×(X+Z)는 성립하지 않기 때문입니다. 보통 자연수에서도 마찬가지지요. 3×(4+5)=3×4+3×5지만 3+(4×5)는 (3+4)×(3+5)와 전혀 다릅니다. 그래서 따로 보면 덧셈이나 곱셈이나 비슷한 연산처럼 보이지만 둘 사이의 상호작용에서는 역할이 다르도록 수체계 구조가 정의되어 있습니다.

이제 수체계가 무엇인지 알 것 같습니다. 그런데 {M, J, B} 체계는 어떻게 그 많은 제약 조건들을 만족하게 디자인했습니까?

물론 제가 한 것은 아니고 수학의 전통에서 나온 체계입니다. 사실은 보통 표기법은 다음과 같습니다.

+	0	1	2
0	0	1	2
1	1	2	0
2	2	0	1

X	0	1	2
0	0	0	0
1	0	1	2
2	0	2	1

앞서 B가 2는 아니라고 하지 않으셨나요?

그렇지요. 구조적으로는 표기가 중요하지 않지만 수체계 속에서 원소의 성질을 기억하는 데 도움을 줄 수는 있습니다. 그런데 B가 2의 성질을 많이 가지고 있기 때문에 보통의 자연수 2는 아니지만 2로 표기하면 편리한 면이 많습니다. 그리고 2 그 자체로 해석하는 자연스러운 방법도 있습니다. 그것은 소위 '나머지 연산'으로 해석하는 것이지요. 그러니까 0, 1, 2는 정수를 3으로 나누었을 때 가능한 나머지들입니다. 따라서 그들끼리 연산을 하려면 보통의 연산을 한 다음에 3으로 나눈 나머지를 결과로 취합니다. 가령 2×2=4인데 3으로 나눈 나머지는 1이니까 나머지 연산에서는 2×2=1이 됩니다. 그리고 이 관점에서는 우리가 원하는 성질들을 확인하기가 비교적 쉽습니다.

다른 종류의 나머지 연산도 있나요? 가령 4나 5로 나눈 나머지 연산은 가능한가요?

네. 임의의 자연수 n을 하나 잡으면 n으로 나눈 나머지들로 원소가 n개인 수체계를 만들 수 있습니다. 가령 n이 10이면 원소는 0, 1, 2, 3, 4, 5, 6, 7, 8, 9가 되고 9+9=8, 9×9=1 이렇게 계산합니다. n이 2인 경우가 가장 간단한데 그때는 0, 1을 가지고 0+1=1, 1+1=0, 1×1=1, 이렇게 계산합니다. 앞으로 0, 1ÿ n-1으로 이루어진 집합으로 하는 나머지 연산을 n-나머지 연산이라고 부르지요. 가령 아까 공부한 [연산 1], [연산 2]는 사실은 6-나머지 덧셈입니다.

이런 것들을 유한수체계라는 개념을 암시적으로 언급하신 것 같습니다. 나머지 연산 말고도 유한수체계가 또 있습니까?

많습니다. 다시 요약하자면 세상 무엇이든 수가 될 수 있습니다. 하지만 그것이 수가 되려면 연산법칙이 주어져서 수체계가 만들어져야 하죠. 이 말이 추상적으로 느껴지죠? 그런데 수체계는 수없이 다양하게 나타납니다!

수체계는 강력한 제약 조건을 만족하는 연산이 필요해서 일부러 만들지 않으면 자연적으로 존재하기 힘들다고 하셨는데, 어떻게 보면 퍼즐 놀이처럼 보입니다. 수체계가 중요한 이유는 무엇인가요?

수체계의 예를 더 보여드리는 것이 그 질문에 대한 답이 될 듯합니다. 우리 시대의 가장 놀라운 수학의 응용 사례 중 하나가 정보처리에 이용되는 유한수체계가 아닐까 싶습니다. 이것은 저도 때때로 믿기 어려운 학문적 행운인 것 같습니다. 순수한 이론적인 이유로 개발된 개념들이 지금은 어쩌면 가장 응용이 많이 되는 수학으로 둔갑했거든요. 제가 미국의 대학에서 학생들을 가르칠 때는 약 5년 주기로 대학원 대수학 강의를 담당했는데, 수체계 때문에 제 강의를 듣는 공대생의 수가 점점 늘어나더군요.

조금 이상한 질문으로 시작해서 이야기를 전개해보지요. 다음 단어가 무슨 뜻입니까?

Commun**a**cation

오타가 아닌가요? '커뮤나케이션'이라는 단어는 사전에 없습니다. 아마 커뮤니케이션의 i를 a로 잘못 쓴 것 같습니다.

여러분은 틀린 단어를 보고 무엇이 틀렸는지, 무엇을 말하려고 했는지 금방 알았습니다. 방금 우리가 자동적으로 수행한 일은 오류를 관측했을 뿐 아니라 교정까지 한 작업입니다. 이 작업은 정보이론의 굉장히 기초적인 공부 대상 중 하나입니다. 오류의 관측과 정정. 바로 1940년대 클로드 섀넌Claude Shannon이라는 정보학자로부터 개발된 이론입니다. 우리가 이미 커뮤니케이션이라는 단어를 알고 커뮤나케이션은 틀린 단어라는 것을 알고 있기 때문에 이 오류를 자연스럽게 파악했지만 만약 'Communion'이라는 단어를 전달받았다면, 이 단어를 통해 발화자가 원래 'Communication'을 말하려 했다는 걸 알 수 있었을까요?

알 수 없습니다. 앞의 경우는 오타가 하나밖에 안 일어났고, 틀린 단어와 비슷하게 생긴 단어가 커뮤니케이션밖에 없다는 걸 이미 알고 있었기 때문에 가능했습니다.

그게 요점입니다. 의미 있는 단어가 아니라는 사실을 관측했고, 그리고 그 틀린 단어에 가까운 의미 있는 단어가 하나밖에 없기 때문에 맞는 단어로 정정할 수 있었어요. 영어 단어를 보고 쉽게 관측하고 정정할 수 있는 이유는 의미 있는 단어가 의미 없는 단어들 사이에 알맞게 끼어 있기 때문입니다. 여기서 중요한 것은 주위에 '의미 없는 단어들이 많다'는 사실입니다. 의미 있는 단어만 쓰면 효율적이겠지만 효율성이 떨어져도 지금 우리가 수행한 작업들에서는 중요한 쓸모가 있습니다. 이것 역시 정보 이론의 기초입니다.

> 의미 있는 단어들을 의미 없는 단어들로 적당히 둘러싸는 것이 굉장히 중요하다.

어떤 기호를 써서 소통을 하든, 단어의 길이에 비해서 그중 의미 있는 단어가 어느 정도 분량을 차지하는가를 측정한 양을 '정보율'이라고 부릅니다. 정보율은 정보가 없는 0에서 100%의 효율성을 나타내는 1 사이에 있습니다.

알파벳 다섯 글자로 만들 수 있는 단어는 과연 몇 개일까요? 아무 제약 조건도 주지 않고 의미를 고려하지 않으면 26^5개, 약 1200만 개를 만들 수 있습니다. 그런데 사전을 찾아보면 의미 있는 다섯 글자 영어 단어는 희한한 것들까지 포함해서 약 1만 5,000개밖에 없습니다. 애초에 알파벳 3개 글자를 효율적으로 써서 $26^3=17,576$개의 단어를 만들면 될 것을, 5개의 글자로 왜 1만 5,000개 단어밖에 만들지 않은 것일까요? 다섯 글자 영어 단어에 들어 있는 정보율은 약 5분의 3입니다. 의미 있는 단어는 1만 5,000

개밖에 안 되는데, 다섯 글자나 쓰는 낭비를 '정보율'로 표현한 것입니다. 그럼에도 단어의 길이를 늘려서 쓰게 된 데는 인간의 언어가 자연적으로 정보 처리 문제를 해결하면서 진화한 것이 중요한 역할을 했을 것입니다. 다시 말해 언어 자체도 방금 이야기한 오류의 관측과 정정이 가능하게 만들어졌다는 의미입니다.

간단한 예를 통해서 이 원리를 조금 더 이해해봅시다. 전하고자 하는 메세지가 0과 1 두 숫자 중 하나인 경우를 생각해보지요. 가령 누군가 상품에 대한 정보를 보고, '좋아요 (1)'나 '싫어요 (0)' 중 하나로 답신을 보낸다고 가정합니다. 그런데 글자를 하나만 보내면 전송 과정에서 오류가 일어났을 때 상대방이 알 수 없습니다. 전송 오류를 예방하려면 어떤 대책을 만들 수 있을까요? 한 가지 방법은 1과 0을 보내는 대신에 11과 00로, 반복해서 보내는 방법을 고려해볼 수 있습니다. 이런 방법을 '반복 코드'라고 부릅니다. 이렇게 반복해서 보내면 전송에 한 글자가 바뀌어 10, 01 같은 메시지가 될 경우 수신자가 오류가 일어났음을 바로 확인할 수 있습니다. 그리고 재송신을 요구할 수 있겠지요. 그러면 이 반복 코드의 정보율이 어떻게 될까요?

2분의 1 아닌가요?

그렇습니다. 길이가 2인 숫자지만 실제 정보는 길이 1인 숫자

만큼밖에 없으니까 정보율은 2분의 1이 됩니다. 여기서는 00, 11이 '의미 있는 단어'이고 01, 10은 의미가 없지요. 정보율의 정확한 정의는 이런 직관을 정량화한 것입니다. 그런데 이 코드를 개량할 수도 있습니다. 반복을 한 번만 하지 않고 두 번 해서 111, 000을 보낼 수도 있습니다. 그러면 무엇이 좋아질까요?

오류가 2개 생겨도 알 것 같습니다.

그렇습니다. 그런데 그 외에도 오류가 하나만 일어났다고 가정하면 수신자가 (혹은 수신 컴퓨터가) 직접 정정도 할 수 있습니다. 오류가 하나만 있는 상황에서 가령 010을 받았으면 그와 가장 가까운 메시지 000을 보냈구나 생각하고 그렇게 정정하면 되지요. 물론 그러다가 진짜 오류가 생기기도 하겠지만요.

111을 보내려고 했는데 010을 받아서 오류가 2개 일어난 상황이었다면, 정정을 잘못한 것입니다.

그렇습니다. 그럼에도 불구하고 길이 2인 코드보다 강력한 면이 많지요. 정확히 표현하자면 길이 2인 반복 코드는 오류 하나를 관측할 수 있고 정정은 못합니다. 01을 받았을 때 원래 답이 00이었는지 11이었는지 판단할 길이 없지요. 그에 비해 길이 3인 반복 코드는 오류 2개까지 관측할 수 있고 오류가 하나일 때는 올바르게 정정까지 할 수 있습니다. 물론 오류가 세 자리에 일어나서 000이 111로 바뀌었다면 관측도 못하겠지요. 그러면 길이 2인 반복 코드에 비해 길이 3인 반복 코드의 단점은 무엇일까요?

정보율이 3분의 1로 줄어들었나요?

바로 그렇습니다. 그래서 근본적으로는 송수신 에너지를 더 요구하지요. 반복을 많이 할수록 오류 처리 능력은 좋아지지만 길이를 늘일 때마다 정보율은 줄어듭니다. 그래서 적당한 수준에서 끊어야 하겠지요.

일상생활에서 같은 말을 반복해서 계속 확인하는 것과 비슷해 보입니다.

일상생활에서 의식적으로 반복 코드를 사용하는 적절한 예입니다. 우리는 인터넷에서 계정을 만들 때 암호를 정하는 과정에 반복코드를 사용합니다. 암호를 한 번 입력하면 그 밑에 '재확인'하라는 칸이 또 나오죠. 2개의 암호가 같지 않으면 다시 입력하라고 지시합니다. 이것이 정확히 반복 코드입니다.

이쯤 되면 짐작하시겠지만 휴대폰, 컴퓨터, 은행 자동화기기

등 대부분 전자제품들은 이 에러를 관측하고 정정하는 과정이 자동화되어 있습니다. 그러니까 처음에 전하고자 하는 메시지가 있으면 적당하게 그걸 기호화해서 와이파이나 다른 전화 신호 등 어떤 채널을 거쳐 보내게 되는데, 상대방은 이 기호를 받아서 다시 우리가 이해할 만한 메시지로 바꾸는 과정을 거치게 됩니다. 다시 말해 기호화해서 전하고 다시 기호를 의미 있게 바꾸면서 권역을 바꾸는 겁니다. 이러한 과정을 인코딩(기호화)과 디코딩(반기호화)이라고 합니다.

효율적이지 않은 과정을 모두 거치면서 정보를 왜 인코딩하는 건가요?

가장 기본적인 인코딩-디코딩은 자연 정보를 컴퓨터 언어로 바꾸는 겁니다. 보통 우리가 쓰는 정보는 언어도 있고 이미지도 있고 소리도 있습니다. 그것을 우선 컴퓨터가 쓰는 0과 1로만 이루어진 언어로 바꿔야 하지요.

왜 컴퓨터는 0과 1만 씁니까?

몇 가지 이유가 있지만 가장 기본은 반도체의 상태 때문입니다. 단순하게 말하자면 반도체란 기본적으로 전류가 흐르는 상태와

안 흐르는 상태 2가지가 가능한데 이것을 1과 0으로 표시합니다. 정보가 컴퓨터에 저장되고 처리될 때 그 안의 수많은 반도체의 상태가 조정됩니다. 이것을 우리는 1과 0으로 이루어진 언어로 여기는 것입니다. 그런데 단순히 1과 0만으로는 불충분하고 그 이상의 인코딩-디코딩이 필요하죠. 인코딩-디코딩 과정 자체가 에러를 관측하고 정정하는 작업을 훨씬 효율적으로 만들어주기 때문입니다.

암시하고 있는 정보가 많더라도, 인코딩을 통해 오류가 발생하더라도, 오류인지 관측하고 정정할 수 있도록 활용되기 때문이군요. 그런데 이런 과정이 수체계와 무슨 상관이지요?

네, 그것이 신기합니다. 근본적으로는 컴퓨터 언어의 0과 1을 원소가 둘인 수체계로 생각할 수 있기 때문입니다.

앞에서는 수체계가 연산이 가능한 것이라고 하셨습니다. 여기서 0과 1은 그저 반도체의 상태를 의미하는 표기일 뿐 연산과는 관련이 없지 않나요?

아주 좋은 지적입니다. 그럼에도 컴퓨터 언어로 결국은 연산을 하게 됩니다. 우선 원소가 둘인 수체계를 잠깐 복습해보지요.

0+0=0

0+1=1

1+1=0

덧셈 등식이 이렇게 주어지면 우리는 여기서 뺄셈도 가능합니다. 1-0=1, 0-0=0, 1-1=0 이런 것은 쉽게 이해되지요. 이런 식으로 계산한다면 0-1은 몇이 될까요?

1+1=0에서 좌변의 1을 우변으로 넘기면 −1이 되는데, 이 수체계는 1과 0으로만 이뤄졌으므로 답은 1이 됩니다.

부연 설명을 조금 하자면, 일반적으로 수체계 내에서 x-y가 무엇이냐는 질문은 y를 더했을 때 x가 되는 원소를 구하라는 뜻이지요. 그래서 보통 자연수에서는 7-2를 물으면 5+2=7이니까 답이 5인 거죠. 그런데 자연수에서는 1을 더했을 때 0이 되는 수가 없기 때문에 0-1에 대한 답은 없지요. 그런 질문에 대한 답이 있도록 자연수의 수체계를 확장한 것이 정수 체계이고, 정수 체계 안에서는 답이 -1이 됩니다. 그런데, 우리의 0, 1로 이루어진 수체계에서는 마침 1+1=0이기 때문에 0-1=1이 됩니다.

수체계는 곱셈도 주어져야 한다고 하셨습니다.

곱셈은 자연스럽게도 0×0=1, 0×1=1×0=0, 1×1=1입니다. 이는 사실 앞서 언급한 2-나머지 연산입니다. 그러면 수체계가 될까요? 그렇습니다. 두 연산 다 결합법칙 등의 성질을 만족하고 곱셈과 덧셈 사이에 분배법칙이 성립합니다.

방금 정수 체계를 이야기하면서 자연수의 '확장'이라는 표현을 썼지요? 수체계를 만들 때 이미 있는 것에서 확장하는 경우가 많습니다. 자연수에서 정수로의 확장, 거기서 또 유리수, 실수, 복소수로 확장해갑니다. 여기서는 유한수체계의 확장에 집중해보겠습니다. 정보에 대해서 이야기할 때는 0과 1을 가지고 만드는 단어의 자릿수를 늘리는 것이 자연스럽겠지요?

컴퓨터 언어가 0, 1로 이루어진 긴 단어들이기 때문이지요?

그렇습니다. 그런데 자릿수가 늘어나도 덧셈은 꽤 자연스럽게 할 수 있습니다. 가령 111+101는 무엇일까요?

보통 수를 더할 때처럼 해보아도 될까요? 그러니까 겹쳐 놓고 한 자리씩 더하면 어떨까요?

```
 111
+101
────
 010
```

이렇게 하니 자리수가 늘어나도 오름, 내림과 상관없이 단위마다 더하면 되니까 계산이 훨씬 쉽겠네요.

덧셈을 정확히 그렇게 정의합니다. 그야말로 자연스러운 덧셈이지요. 자리가 늘어나도 뺄셈도 할 수 있고 -x=x, 그리고 x-y=x+y임을 다 쉽게 확인할 수 있습니다.

그런데 이런 수가 정보를 의미할 때 더하고 빼는 건 어떤 의미가 있습니까?

네, 실제로 더하고 빼는 건 별 의미가 없을 것 같지요. 그런데 정보 이론에서는 이런 아이디어를 바라보는 관점이 다릅니다. 이를 '정보의 대수'라고 불러도 좋습니다. 정보를 더하고 뺀다는 의미입니다. 어떤 식으로 사용되는지 한번 살펴보죠. 가령 우리가 아래의 기호 3개를 전달하고 싶다고 해요. 반복 인코딩과 함께 제일 간단한 인코딩 중에 하나가 있는데, 단위를 늘리는 인코딩입니다. 예를 들어 6개 단위 수가 있다면 그걸 7개 단위의 수로 바꾸는 겁니다.

101111　　111111　　110001

이것을 다음과 같이 바꿉니다.

1011111　　1111110　　1100011

이렇게 하면 정보율은 7분의 6으로 줄어듭니다. 정보율이 1이 되지 않도록 인코딩해서 정보율을 약간씩 줄인 것입니다. 위의 3개 숫자를 아래 숫자로 바꿨을 때 어떻게 달라졌습니까?

> 맨 뒤에 추가로 붙은 숫자가 각각 다릅니다. 6자리는 그대로 두고 뒤의 수는 어떤 규칙에 따라 1 혹은 0을 붙였는데, 정확히 파악이 안됩니다

각 단위들을 다 더한 값을 구해서 마지막 단위 뒤에 붙인다고 할 수도 있고, 또 6단위의 수를 7단위 수로 바꾸고 나서 단위 합, 즉 각 단위들을 다 더한 값이 0이 되게 바꿨다고 할 수 있습니다. 이렇게 수의 마지막에 추가해 붙이는 수를 패리티 검사 비트parity check bit이라고 합니다. 그래서 결과는 7단위 수 중에 단위 합이 0인 것들만 '의미 있는 단어'로 정하게 되지요.

우리가 101111이라는 수를 전달하고 싶었는데, 만일 가운데 수에 에러가 하나 일어나서 100111로 바뀌었다고 가정해봅시다. 그런데 이 여섯 단위의 수는 전부 의미 있는 단어로 쓰고 싶거든요. 그러면 이게 에러라는 사실을 구분할 도리가 없겠죠? 그래서 애초에 인코딩을 할 때 체크비트를 하나 더 붙여서 7자리 수로 만들어

놓습니다.

1011111

그럼 이 수가 송신 과정에서 1001111로 바뀌었다면 받은 사람이 단위 합을 구해 1이 나온다는 것을 발견하겠지요. 그러면 에러가 발생했음을 알 수 있습니다.

이런 원리는 바코드 리더기에서 주로 사용됩니다. 바코드바는 두께와 스페이스로 수 하나를 표현하고 있고, 체크비트가 다 달려 있습니다. 바코드바를 스캔할 때 '삑' 소리가 나면 단위 합이 0이 아니라는 것을 의미합니다. 그러면 사용자가 다시 스캔을 하게 되죠. 이러한 인코딩 방식으로는 에러를 정정할 수는 없지만 관측을 할 수는 있습니다. 에러 관측용 인코딩인 것입니다.

몇 가지 단순한 인코딩 방식을 통해 정보에 일정한 제약을 두어 정보율을 줄이고 오류를 관측하고 정정하는 과정을 살펴봤습니다.

이제 수체계를 이용한 정보 처리가 무엇인지 개념이 약간씩 잡힙니다. 그런데 여러 단위 수에 대한 곱셈은 어떻게 정의합니까?

곱셈을 정의하지 않았으니 아직까지는 수체계가 아닙니다.

그러면 먼저 2단위 수의 곱셈을 정의하겠습니다.

X	00	01	10	11
00	00	00	00	00
01	00	01	10	11
10	00	10	11	01
11	00	11	01	10

이 표는 0과 1로 이뤄진 2단위 수로만 이루어진 곱셈표입니다. 00, 01, 11, 10 이 4개 답을 가지고 곱셈의 답을 인위적으로 정리했습니다. 보시다시피 0의 역할을 하는 00이 있고, 1의 역할을 하는 01이 있습니다. 무엇과 곱해도 곱한 수를 바꾸지 않는 항등원입니다. 그런데 이 표에서 10, 11은 무엇을 의미하는지 좀 분명치 않습니다. 우리에게 익숙한 덧셈이나 곱셈 같은 연산을 따르지 않습니다. 자기들끼리만 곱하고 더하게 되어 있죠. 그래서 덧셈 구조와 함께 이제 유한수체계가 만들어졌습니다.

이번에도 수체계의 성질은 다 만족되겠지요?

제가 수체계라고 표현을 했기 때문에 보장을 하는 셈이네요. 그런데 그냥 표를 보고 판단하기는 전혀 쉽지 않지요. 곱셈의 결합법칙을 한 경우만 해볼까요? 10×11×11을 계산해봅시다. 10×

11=01을 계산한 다음 01×11=11이라는 답을 유도할 수 있습니다. 자 그런데 순서를 바꿔서 11×11을 먼저 계산하면 어떻게 되나요?

11×11=10이고, 앞의 10과 곱하면 10×10=11이 됩니다. 따라서 (10×11)×11=10×(11×11)이 확인되었습니다. 덧셈까지 감안하여 분배법칙이 성립하는지 확인하려면 더 오래 걸립니다.

원소가 4개인 유한수체계로 만든 이 곱셈표에는 또 한 가지 재미있는 성질이 있습니다. 질문을 통해서 그 성질을 살펴보지요. 11÷10은 무엇입니까?

이 표에서 나눗셈도 가능합니까?

궁금하지요? 나눗셈의 개념 정리를 한 번 해봅시다. A÷B=C를 곱셈으로 바꾸면 어떻게 표현할 수 있습니까? 바로, C×B=A입니다.

아, 그럼 11÷10을 구하려면 10을 곱했을 때 11이 나오는 수를 찾으면 됩니다. 답은 10입니다.

네. 그러니까 A÷B를 구하려면 B열을 검사해서 그 열에서 A

가 나오는 행을 찾아야합니다. 그러면 그 행에 대응되는 수가 A÷B 가 되는 것입니다. 그런데 아래 곱셈표를 볼까요?

X	00	01	10	11
00	00	00	00	00
01	00	01	00	01
10	00	00	10	10
11	00	01	10	11

자, 그러면 이 곱셈의 경우에 10÷01은 무엇이지요?

답이 없습니다. 01을 곱했을 때 10이 나오게 하는 수가 없습니다.

그러면 10÷10은 무엇입니까?

그건 답이 두 개네요. 10, 11 둘 다 가능합니다.

그러니까 이 곱셈표는 나눗셈이 안 됩니다. 우리가 앞서 곱셈표에서는 유리수나 마찬가지로 0 (그러니까 우리 수체계에서는 00)이 아닌 모든 수로 나누는 것이 가능했습니다. 그런 면에서 질이 높은 곱셈이었죠. 하지만 지금 이 표는 정의한 수체계보다 질이 좀 떨어집니다. 보통 A÷B의 값을 구하려면 B에 대응되는 열을 찾은 다음 그중에서 A를 찾습니다. 그러면 그에 대응되는 행이 나눗셈 값입니다. 그런데 나눗셈이 성립하려면, 열을 따라갈 때 모든 수가 딱 한 번만 나타나야 나눗셈이 정의되겠죠? 앞의 표는 어느 열을 따라가든 모든 수가 딱 한 번씩 나타납니다.

다시 표를 보여드리겠습니다. 수의 단위를 3개로 늘렸습니다.

X	000	001	010	011	100	101	110	111
000	000	000	000	000	000	000	000	000
001	000	001	010	011	100	101	110	111
010	000	010	100	110	011	001	111	101
011	000	011	110	101	111	100	001	010
100	000	100	011	111	110	010	101	001
101	000	101	001	100	010	111	011	110
110	000	110	111	001	101	011	010	100
111	000	111	101	010	001	110	100	011

이 표 역시 분배법칙도 성립하고 나눗셈도 가능한 상당히 짜임새 있는 유한수체계입니다. 예를 들어 볼게요. 111÷100은 무엇일까요?

100과 곱해서 111이 되는 답을 찾으면 됩니다. 011입니다.

분배법칙도 성립하는지도 확인해봅시다.

100×(101+110)

=100×011

=111

100×(101+110)=(100×101)+(100×110)

=010+101=111

같은 값이 나오지요? 덧셈, 곱셈이 되고 각자 결합법칙이 성립하고, 곱셈과 덧셈 사이의 관계를 규명하는 분배법칙이 성립하고, 또 나눗셈까지 가능한 짜임새 있는 표입니다. 이 표 속에는 구조가 또 하나 숨어있습니다. 문제를 풀어볼까요? 110이라는 수를 Z라고 했을 때 Z제곱을 계산해보시겠어요?

Z=110

Z^2=110×110=010

그럼 Z의 3승을 구해보고, 또 Z의 4승, Z의 5승, 6승, 7승을 계속 구해보세요.

$Z^2=110\times110=010$

$Z^3=110\times110\times110=111$

$Z^4=110\times110\times110\times110=100$

$Z^5=110\times110\times110\times110\times110=101$

$Z^6=110\times110\times110\times110\times110\times110=011$

$Z^7=110\times110\times110\times110\times110\times110\times110=001$

$Z^8=110\times110\times110\times110\times110\times110\times110\times110=110$

8승까지 하니 원래의 수로 돌아갔습니다. $Z^8=Z$입니다.

이 유한수체계는 모든 0이 아닌 수는 수 하나의 거듭제곱으로 표현하는 게 가능합니다. 보통 수에서는 전혀 성립하지 않는 특별한 성질입니다. 그런데 이 유한수체계에는 어떤 적당한 수를 정해서 나머지 모든 수가 그것의 거듭제곱으로 나타나게끔 하는 성질이 있습니다.

이런 표를 이론 없이 만드는 건 거의 불가능합니다. 대수적인 이론이 있기 때문에 가능한 일이죠. 우연히 일어날 수가 없습니다. 단위 수가 몇 개든 심지어 단위가 100만 개인 수를 가지고도 유한수체계를 만드는 건 가능해요. 굉장히 어려울 뿐이죠. 특히 나눗셈이 가능한 곱셈을 정의하는 일이 어려운데, 이런 구조를 '유한체'라고 부르기도합니다. 한 가지 유용한 사실은 유한체를 만들어놓기만

하면 위에서 본 거듭제곱 성질도 성립한다는 사실입니다. 즉 원소가 $2^{100만}$개인 유한체도 모든 0이 아닌 원소를 어떤 원소 하나의 거듭제곱으로 나타낼 수 있습니다.

자, 지금부터는 정보 이론의 구체적인 응용을 살펴보겠습니다. 미리 경고하지만, 이 부분은 좀 어렵습니다. 수체계의 아주 구체적인 응용을 하나는 보는 것이 좋을 것 같아서 '위험을 무릅쓰고' 설명하기로 했습니다. 이 내용을 굳이 이해시키고 싶은 이유는 정보를 처리하는 데 너무도 광범위하게 쓰이는 방식이기 때문입니다.

이 정보 이론의 응용은 가령 USB 같은 저장 장치에 저장된 파일 등에 에러가 생겼을 때 이를 자동 처리할 때도 사용되고, 특히 정보를 송수신할 때의 에러에도 유용합니다. 가령 인공위성을 거쳐서 오가는 신호는 우주 방사선 같은 현상의 영향으로 에러가 수시로 일어나기 때문에 자동 교정 장치가 없으면 사용이 불가능하죠.

처음에 정보 대수에서 0과 1을 사용한 이유는 기계적인 특성과 기호로서의 편의 때문이었습니다. 그런데 일단 숫자를 사용하게 되니 서로 덧셈을 하게 되고, 결국은 정보끼리 교묘한 곱셈을 하게 되기도 합니다. 심지어 지금은 그런 대수가 없으면 정보 기술이 작동할 수 없는 정도라니, 문명의 진화에 대해 실감이 됩니다. 아래 내용은 어렵지만, 한 번 참을성을 가지고 이해해보십시오.

자, 계산의 편의를 위해서 앞서 보여줬던 Z의 거듭제곱들을 다시 나열하겠습니다.

$Z=110$, $Z^2=010$, $Z^3=111$, $Z^4=100$, $Z^5=101$, $Z^6=011$

이번에는 7자릿수 단어를 만들어보려고 합니다. 가능한 모든 단어의 집합은 7자릿수입니다. 그중에서 진짜 사용할 의미 있는 단어를 조심스레 정의하겠습니다. 우리가 사용할 단어는 7자릿수 w=abcdefg 중에 이 등식을 만족하는 수들입니다.

$$F(w)=a001+bZ+cZ^2+dZ^3+eZ^4+fZ^5+gZ^6=000$$

이 등식은 각 단위 a, b, c 등은 0이나 1이고 그중에 1인 것들만 더해준다는 뜻입니다.

w=1100101 일 때

$F(w)=001+Z+Z^4+Z^6=001+110+100+011=000$

따라서 w는 의미 있는 단어입니다. 반면 v라는 단어를 1011101이라 할 때,

v=1011101 이면

$F(v)=001+Z^2+Z^3+Z^4+Z^6=001+010+111+100+011=011$

따라서 v는 의미가 없습니다.

w라는 단어가 '의미 있다'가 되려면 F(w)=000가 만족되어야 합니다. 다시 말하면 인코딩-디코딩 할 때는 항상 이런 의미 있는 수만 사용하기로 합니다. 따라서 수신한 7자릿수가 w였을때 F(w)가 0이 아니면 중간 과정에서 오류가 일어난 걸로 결론지을 수가 있는 것이지요. 이 방식으로는 에러 2개를 관측하고 하나는 수정할 수 있습니다. 그 이유는 의미 있는 단어 w 와 w'가 서로 다르면 적어도 세 자리가 다르기 때문입니다.

'의미 있는 단어 w 와 w'가 서로 다르면 적어도 세 자리가 다르다' 이 사실을 확인하기 위해서 간단한 관찰을 하겠습니다

F(w)=000, F(w')=000 이면 F(w+w')도 000이다.

자, 이제 두 단어를 자리 별로 써주면 w=abcdefg, w'=a'b'c'd'e'f'g'일때, w+w'=(a+a')(b+b')(c+c')(d+d')(e+e')(f+f')(g+g') 꼴이 되겠지요. 그러면 w+w'의 자리들은 w, w'의 대응되는 자리들이 같으면 0, 다르면 1이 됨을 확인할 수 있습니다. 구체적인 예를 하나만 해봅시다.

w=0110011

w'=1110110

이 두 단어는 몇 자리에서 다릅니까? 세 개 자리가 다르죠. 그럼 이 두 수를 더하면 아래와 같이 됩니다.

$$\begin{array}{r} 0110011 \\ +1110110 \\ \hline 1000101 \end{array}$$

위의 계산 결과는 세 자리가 1이 되지요? 이런 식으로 일반적으로도 w+w'의 0이 아닌 자리의 개수가 정확히 w와 w'가 서로 다른 자리의 갯수입니다. 그런데 w, w'가 둘다 의미 있는 단어면 F(w+w')=000이니까 우리가 보여야 하는 것은

(명제) F(u)=000인데 u가 0000000이 아니면 적어도 3자리가 0이 아니다.

라는 사실입니다. 그러면 다시 u=abcdefg 이렇게 써넣고 검사를 해보지요.

$$F(u)= a001+bZ+cZ^2+dZ^3+eZ^4+fZ^5+gZ^6=000$$

u의 자리 하나만 0이 아닐 수가 있을까요? 그런데 그렇다면 Z^j중 하나가 000이라는 뜻이기 때문에 불가능합니다. 그러

면 딱 두 자리만 0이 아닐 수 있을까요? 그렇다면 i보다 큰 j에 대해서 Z^i+Z^j=000꼴의 등식이 성립해야 합니다. 그러면 $Z^i=-Z^j$ 인데 $-Z^j=Z^j$입니다. 따라서 $Z^i=Z^j$인데 위 목록에서 볼 수 있듯이 i,j가 서로 다르고 7보다 작으면 이런 등식이 성립할 수 없습니다. 이렇게 명제를 보였습니다.

오류를 정정하는 과정이 어떻게 저절로 이뤄지는지 어렴풋이 알 수 있습니다. 의미 있는 단어들은 적어도 세 자리는 다르니까 단어를 보냈을 때 오류 2개가 일어나면 의미 있는 단어가 아니기 때문에 오류를 관측할 수 있다는 이야기군요. 그리고 오류가 한 자리에서만 일어나면 의미 있는 단어 중에 가장 가까운 것이 원래 단어이니까 올바른 정정이 가능합니다. 그런데 처음에 이야기하신 반복 코드, 그러니까, 원하는 메세지를 3번 이야기하는 코드도 이 능력이 있었지요?

반복을 더 여러 번 하면 성능이 더 좋아지지요. 하지만 왜 10번쯤 반복하는 코드를 사용하지 않을까요? 정보율이 떨어지기 때문입니다. 같은 메세지를 3번 보내는 코드는 정보율이 3분의 1입니다. 그러면 이 수체계 코드는 정보율이 얼마일까요? 이것도 약간 어려운 이야기지만 일곱 단위 수 w중에 F(w)=000인 것들은 항상 a1110000+b1001100+c0101010+d1101001 꼴로 표현된다는 사실입니다.

이는 대학교 2학년 수준의 선형대수를 이용합니다. F(w)=000을 만족하는 w들이 일종의 '4차원 공간'을 이룬다는 사실입니다. 그래서 4자릿수들을 다 의미 있는 단어로 사용하는 것과 근본적으로 용량은 같다는 것입니다. 그러니까 4자릿수 abcd로 시작해서 위의 7자릿수로 인코딩한다는 이야기입니다. 이렇게 했으니 정보율은 어떻게 될까요?

7분의 4입니다. 그러니까 오류를 두 자리까지 관측하고 한자리까지 정정하는 능력은 같은 메세지를 3번 보내는 반복 코드와 같은데 정보율이 훨씬 커졌습니다.

그렇습니다. 7분의 4가 3분의 1보다 '훨씬' 크다는 말을 의아해할 수도 있지만 정보 이론의 입장에서는 사실입니다. 가령 수백만 달러의 통신 비용을 사용하는 회사의 입장에서 생각하면 이해가 되지요?

물론 송수신 시스템 같은 실제 응용에서는 이보다 훨씬 긴 단어들에 비슷한 원리가 적용되고, 그때는 수백, 수천 단위 수체계의 곱셈 구조가 이용됩니다. 이런 수체계를 효율적으로 표현하는 문제 역시 응용 차원에서 대두됩니다. 추상적인 수학 이론과 계산과학과 공학의 접점에 놓인 활발한 연구 분야입니다.

수체계와 암호론으로의 응용에 관해 좀 더 난이도 있는 구체적인 수체계 하나를 더 소개하겠습니다.

X	0	1	2	3	4	5	6	7	8	9	10	11	12	13	14
0	0	0	0	0	0	0	0	0	0	0	0	0	0	0	0
1	0	1	2	3	4	5	6	7	8	9	10	11	12	13	14
2	0	2	4	6	8	10	12	14	1	3	5	7	9	11	13
3	0	3	6	9	12	0	3	6	9	12	0	3	6	9	12
4	0	4	8	12	1	5	9	13	2	6	10	14	3	7	11
5	0	5	10	0	5	10	0	5	10	0	5	10	0	5	10
6	0	6	12	3	9	0	6	12	3	9	0	6	12	3	9
7	0	7	14	6	13	5	12	4	11	3	10	2	9	1	8
8	0	8	1	9	2	10	3	11	4	12	5	13	6	14	7
9	0	9	3	12	6	0	9	3	12	6	0	9	3	12	6
10	0	10	5	0	10	5	0	10	5	0	10	5	0	10	5
11	0	11	7	3	14	10	6	2	13	9	5	1	12	8	4
12	0	12	9	6	3	0	12	9	6	3	0	12	9	6	3
13	0	13	11	9	7	5	3	1	14	12	10	8	6	4	2
14	0	14	13	12	11	10	9	8	7	6	5	4	3	2	1

이 수체계는 앞서 설명한 15-나머지 연산 수체계입니다. 이번에는 조금 복잡하게 15로 나누었을 때의 나머지가 원소들입니다. 가령 $11 \times 7 = 77$이니까 15로 나눈 나머지를 취하면 2가 나옵니다. 위 곱셈표에서 $11 \times 7 = 2$임을 한 번 확인해 보십시오. 수체계라고 했으니 이와 함께 가는 덧셈표도 있어야 합니다. 덧셈도 15로 나눈 나머지 덧셈입니다. 가령 $11+7=18$인데 15로 나눈 나머지를 취하면 3

이 되지요. 따라서 이 수체계에서 11+7=3입니다. 그런데 곱셈표를 검사하면 나눗셈이 불가능하다는 것을 알 수 있습니다. 가령 12÷6만 봐도 답이 여러 개고 10÷5도 그렇습니다. 심지어 20÷5는 답이 없습니다. 나눗셈이 안 되는 수체계는 성능이 떨어진다는 이야기를 했습니다. 그런데 사실 이는 과장입니다. 지금은 나눗셈이 잘 안 되는 수체계의 응용을 이야기하려고 합니다.

> 나눗셈이 아예 안 되는 것이 아니라 '잘 안 된다'고 하셨습니다. 위 수체계에서는 가령 3÷7은 9가 되는 것처럼 7로는 나누는 게 가능합니다. 꽤 많은 수의 나눗셈이 성립합니다.

그렇습니다. 표를 조사해보면 A÷B가 가능한 수 B는 1, 2, 4, 7, 8, 11, 13, 14입니다. 혹시 이 수들의 공통점을 알겠나요? 15와의 관계에서 생각해보세요. 분모에 넣을 수 없는 수들 3, 5, 6, 9, 10, 12하고 비교하면 다른 수를 나눌 수 있는 수들이 정확히 15와 서로소인 수들입니다. 이런 패턴은 나머지 연산에서 항상 일어납니다. 그리고 이것도 '구조적'으로 중요한 현상입니다. 참, 잊기 전에 결합법칙, 분배법칙, 교환법칙 등이 다 성립한다는 지적도 하는 게 좋겠습니다.

단순해 보이지만 현대 테크놀로지에서 이 나머지 연산은 굉장히 중요합니다. 앞서 정보 대수의 기본이 2-나머지 연산이라고 말했습니다. 나머지 연산이 중요한 또 하나의 이유는 나머지 연산으로 만드는 '암호' 때문입니다. 지금 여기서 다루고 싶은 것은 소위 '공개키 암호'라는 것입니다. 주어진 메시지를 암호로 만드는 방법을 공개해도 암호를 디자인한 사람만이 해독할 수 있는 암호지요.

암호 만드는 방법을 알아도 해독을 못하는 암호라니 이상합니다. 가령 우리가 암호를 만들 때 가령 A=1, B=2, C=3,… 이런 식으로 영어를 암호화하면, '3, 1, 20'이라는 메시지를 받았을때 3→C, 1→A, 20→T 이렇게 해서 누구나 CAT라고 해독할 수 있습니다.

그 암호의 경우 키를 가지고 있으면 해독이 쉽습니다. 키key란 그야말로 원래 메시지와 암호화한 메시지를 서로 대응하게 하는 규칙입니다. 그러니까 방금 암호에서는 A=1, B=2,… 이렇게 쓴 목록이 키였죠. '공개키 암호'란 글자 그대로 키를 공개하는 암호입니다. 그런데 키를 알아도 암호를 해독할 수는 없습니다.

이런 암호가 도대체 왜 필요할까요?

이런 공개키 암호가 사용되는 대표적인 예가 바로 우리 컴퓨터의 브라우저입니다. 브라우저는 키 하나를 늘 공개하고 있습니다.

그래서 보안시스템을 쓰는 사이트에 접속하면 나에게 보내는 정보는 전부다 내 브라우저의 공개키로 암호화해서 보내는 것입니다. 임의의 사이트에서 내 브라우저에 맞게 암호화된 정보를 보내려면 키를 공개할 수밖에 없습니다. 그런데 중간에서 누군가가 메시지를 가로채고 그 사람이 키를 가지고 있더라도 암호화된 정보는 해독할 수 없습니다. 오직 내 브라우저만이 해독할 수 있도록 디자인되어 있기 때문입니다. 비밀번호가 필요한 은행 사이트에 접속할 때도 그 사이트에 내 비밀번호를 사이트의 공개키로 암호화해서 보냅니다. 그때도 누구나 그 사이트의 키를 알고 있음에도 불구하고 은행만이 내 메세지를 해독해서 맞는 번호인지 확인할 수 있습니다.

이런 암호를 만들기 위해서는 무슨 정보든 일단 수로 만드는 과정부터 시작해야 합니다. 컴퓨터 언어는 수이기 때문에 오가는 정보는 이미 수로 처리되어 있습니다. 그러니까 우리가 관심 있는 정보는 모두 수라고 가정하겠습니다. 예를 들어 원래 메세지는 1에서 100사이의 수 x입니다. 그런데 x^{37}을 구해서 1182263으로 나눈 나머지를 구했더니 965591이 나왔습니다. 그러면 x가 무엇일까요? 암호의 언어로 이야기하자면 여기서 이용하는 도구는 1182263-나머지 연산입니다. 그래서 키는 메시지 x에 1182263-나머지 수체계에서 x^{37}을 대응시키는 것입니다. 해독은 x^{37}으로부터 37 제곱근 x를 되찾는 과정이 됩니다.

수가 크니까 이해하기 어렵지요? 직관을 키우기 위해서 더 작은 수, 15를 이용한 나머지 연산으로 연습해보지요. 거기서 $x^3=13$이면 위의 곱셈표에서는 $x=7$ 밖에 답이 없습니다. 하나하나 다 계산하느라 시간이 걸리겠지요? 더 쉬운 방법도 있습니다.

나머지 연산 표에 의하면 $13^3=7$입니다. 어떻습니까? 위의 x 값과 같죠. 이유를 짐작하시겠습니까?

바로 앞에서 보았던 나머지 연산의 거듭제곱 성질과 관계가 있어 보입니다.

네, 그렇습니다. 요점은 위에서 찾은 15와 서로소인 수 a=1, 2, 4, 7, 8, 11, 13, 14 어느 것도 15-나머지 연산에서는 $a^8=1$이라는 성질을 가지고 있습니다. 따라서 $a^9=a$이기 때문에 a^3이 주어졌을 때 3승을 한 번 더 해주면 $(a^3)^3=a^9$이 되니까 a를 되찾는 결과를 줍니다.

상당히 신기합니다. 그리고 나머지 연산에서 주어진 원소 하나를 3승 하는 것은 확실히 다른 원소들을 다 3승 해보는 것보다 훨씬 쉽습니다. 수 몇 개만 더 실험해 봐도 15와 서로소인 a에 대해서는 $a^8=1$이 성립합니다. 그런데 그 8이 어디서 나왔습니까?

바로 이 점이 공개키 암호의 요점입니다. 사실은 15의 소인수분해가 15=5×3인데서 8=(5-1)(3-1)이 나왔습니다. 아마 잘 이해가 되지 않을 겁니다. 이럴 때는 일반적인 명제가 더 이해하기 쉽기도 합니다. 사실은 n=pq식으로 소수 2개의 곱인 수를 중심으로 나머지 연산을 할 때의 현상이 n과 서로소인 a가 있으면 $a^{(p-1)(q-1)}=1$이 항상 성립합니다. 이를 오일러의 공식이라고도 부릅니다.

n을 10=5×2로 놓고 한 번 해볼까요? 그때는 (p-1)(q-1)이 4×1=4입니다. 그러면 가령 $3^4=81$, 그러니까 10으로 나눈 나머지는 1입니다. 7^4도 한번 해 볼까요? 이건 계산기가 필요합니다. 2401입니다. 역시 10-나머지 연산에서는 a^4은 1이 되네요. 미안하지만 오일러의 공식의 증명은 생략하겠습니다.

이 연산은 역사적으로 소위 '페르마의 작은 정리'에서 연유합니다. 페르마의 작은 정리는 소수로 나눈 나머지 연산을 정의했습니다. 그러니까 p가 소수이면 a=1, 2,⋯, p-1가 p-나머지 연산에서 $a^{(p-1)}=1$을 만족한다는 사실입니다.

아까 질문으로 돌아가서 꽤 큰 수 1182263의 나머지 연산에서 $a^{37}=965591$을 a에 관해서 풀고 싶었잖아요? 이때는 965591의 574093승을 구하면 됩니다. 이것은 해보면 7이 나옵니다. 컴퓨터를 이용하면 이런 계산은 굉장히 빨리 할 수 있습니다. 그것이 나머지 연산의 특이한 점인데요, 곱셈, 그리고 거듭제곱을 굉장히 효율적으로 할 수 있습니다. 작은 수에 대해서 손으로 좀 해보면 감이 잡힙니다.

2^{100}을 10-나머지 연산으로 해볼까요?

$2^2=2$, $2^3=8$, $2^4=6$, $2^5=2$

따라서

$2^{25}=(2^5)^5=2^5=2$

$2^{100}=2^{(25+25+25+25)}=2^{25}\times2^{25}\times2^{25}\times2^{25}=2^4=6$

나머지 연산에서는 수가 반복되는 현상 때문에 거듭제곱이 상당히 쉽습니다. 수가 커지면 손으로 하기 힘들지만 컴퓨터로는 웬만한 나머지 연산은 순식간에 됩니다. 컴퓨터로는 어떤 큰 수든 빨리 계산할 수 있을 것 같지만 사실 n이 클 때 n의 나머지 연산에서 어떤 k제곱근을 찾는 문제는 효율적으로 할 수 없습니다. a^k로부터 a를 찾으려면 그냥 모든 a의 가능성을 계산해보아야 하죠. 이것이 바로 공개키 암호의 존재 이유입니다. 따라서 몇 천 자리 수 n의 나머지 연산에서 가령 3제곱근을 구하는 것은 컴퓨터로도 너무 오래 걸리기 때문에 현실적으로 불가능한 작업입니다.

그런데 앞에서 574093승을 이용해서 37제곱근을 어떻게 구했습니까?

저는 바로 1182263의 소인수 분해를 알고 있었기 때문입니다.

$1182263 = 991 \times 1193$

991과 1193은 소수.

$(991-1) \times (1193-1) = 1180080$

따라서 a가 991이나 1193으로 나누어지는 수만 아니면 1182263 나머지 연산에서 $a^{1180080}=1$입니다. 그래서 제가 574093을 고를 때 $37 \times 574093 = 21241441 = 1180080 \times 18 + 1$이 되게끔 골랐습니다.

$$(a^{37})^{574093} = a^{\{1180080 \times 18+1\}} = (a^{1180080})^{18} \times a = 1^{18} \times a = a$$

이 내용은 좀 집중하고 자세히 보기 전에는 어려운 것이 사실입니다. 혹시 이런 계산을 컴퓨터로 실험해보고 싶으면 'modular arithmetic calculator'를 검색해보십시오. 나머지 연산을 효율적으로 해주는 웹페이지입니다.

이 이야기의 요점은 이것입니다. n-나머지 연산을 할 때 n의 소인수분해를 알면 어떤 수 b의 k 제곱근을 찾기 쉽습니다. 그러나 인수분해를 모르는 상태에서는 주먹구구식으로 모든 가능성의 k승을 해보고 b가 나오기를 기다려야 하기 때문에 오래 걸리는 작업이 됩니다. 그리고 n이 더 커지면 아무리 빠른 컴퓨터를 가지고 있어도 계산은 현실적으로 불가능해집니다. 앞의 예에서 사용한

n=1182263 같으면 컴퓨터로는 무식한 계산으로도 37제곱근을 빨리 찾을 수 있습니다. 그런데 손으로 계산하기는 불가능하지요. 그보다 더 큰 몇 천 자리의 수가 되면 컴퓨터로도 어려워집니다.

컴퓨터로 소인수분해를 먼저 하면 되지 않나요?

소인수분해를 하면 된다고 생각하겠지만. 너무 큰 수는 컴퓨터로도 소인수분해가 너무 오래 걸립니다. 큰 수의 소인수분해 역시 컴퓨터 공학 이론에서 어렵게 생각하는 대표적인 작업인데, 이 문제와 관련된 재미있는 이론이 아주 많습니다.

선생님은 어떻게 1182263의 소인수분해를 아셨습니까?

제가 컴퓨터처럼 계산을 잘해서 그랬을까요? 그렇지 않습니다. 저는 그냥 소수 991과 1193을 먼저 정하고 이를 곱했을 뿐입니다. 여기서의 포인트는 이것입니다. 소수를 곱해서 공개키 n을 만들면 만든 사람은 알고 있지만 다른 사람들은 n을 알아도 인수분해를 할 수 없다는 점입니다.

제가 안전하게 정보를 받고 싶으면 큰 소수 p, q 두개를 곱해서 만든 수 n과 (p-1)(q-1)과 서로소인 지수 k를 공개키로 알립니다. 그러면 메세지 a로 시작해서 n 나머지 연산 a^k를 계산해서 보내라는 지시입니다. 이제는 n과 k를 알고 메세지 a^k를 가로챈 사람도 p와 q를 모르기 때문에 원래 메세지를 알 수 없습니다. 그런데 저는 p, q를 알기 때문에 a^k를 받는 즉시 해독할 수 있습니다. 사실 여기서 a는 n과 서로소여야 하는데 이것은 개념적으로 별로 중요하지 않으니까 무시하십시오.

컴퓨터의 성능은 나날이 발전하는데 중간에 정보를 가로채 암호를 해독할 수 있게 되지 않을까요?

그런 의문이 생길 수 있습니다. 실제로 좀 더 복잡한 나머지 연산을 만들어내기 위해 굉장히 큰 소수들을 만들어내는 수학적인 과정이 중요해졌습니다. 지금도 이 이론은 무궁무진하게 발전하고 있습니다. 재미있다고 해야 될지 좀 무섭다고 해야 될지 잘 모르지만, 제대로 된 양자컴퓨터가 있으면 아주 큰 소수도 소인수분해를 훨씬 쉽게 할 수 있게 됩니다. 1990년대에 피터 쇼어Peter Shor에 의해서 발견된 이 사실은 양자컴퓨터 이론을 활성화하는 데 결정적이었습니다. 현존하는 양자컴퓨터로는 아직 아주 간단한 작업밖에 못하지만 이론적으로는 소인수분해를 굉장히 효율적으로 할 수 있습니다. 양자역학은 쉽게 말하면 동시에 여러 현상이 한꺼번에 일어나는 것이라고 보면 됩니다. 양자컴퓨터 역시 여러 연산을 병렬적으로 처리하게 됩니다.

슈뢰딩거의 고양이가 죽은 상태와 산 상태가 동시에 존재할 수 있는 것처럼 여러 계산이 한꺼번에 존재하는 거군요. 현재도 양자컴퓨터가 활발하게 개발 중이라고 알고 있는데 만약 양자컴퓨터가 보급화되는 단계가 오면 어떻게 될까요? 복잡한 연산을 금방 풀어낸다면 해킹당하기가 훨씬 쉬워질 것 같습니다.

이 해킹의 위험성 때문에 현재도 각종 정보 에이전시에서 이에 대한 대응책을 서둘러 마련하고 있습니다. 우리나라도 마찬가지고요, 미국 NSA와 영국 GCHQ 등의 정보 에이전시에서는 새로운 암호시스템 개발을 매우 중요한 목표로 삼고 있습니다. 수학자들에게 매우 중요한 과제가 생긴 거죠.

이|책|을|펴|내|며

누구나 살면서 수많은 문제들과 만납니다. 단순하게 해결되는 경우도 있지만, 도저히 답을 찾을 수 없거나 어떤 답을 원하는지조차 모르는 경우에 직면하기도 합니다. 그럴 때 질문을 탐구하는 과정 자체가 새로운 길을 보여줄 때가 있습니다. 수학이 필요한 순간은 바로 그런 순간일 것입니다. 수학이야말로 인류의 오랜 역사를 거쳐 질문을 거듭하며 우리의 사고 능력을 고양시켜온 학문이었기 때문입니다.

이 책은 페르마의 방정식의 '해의 유한성 증명 문제'처럼 수학의 역사에서 가장 중요한 난제들을 해결하며 오늘날 세계적 학자의 반열에 오른, 영국 옥스퍼드대학교 수학과의 김민형 교수가 2016년 12월부터 2018년 2월까지 1년여 동안 진행한 강의를 토대로 탄생했습니다. 셰익스피어와 쇼팽을 좋아하는 수학자 김민형 교수와 함께 수학이라는 장대한 세계를 탐구하는 과정에서 묻고 답하며 나눈 세밀한 대화들을 이 책에 담았습니다.

천재들만 다닐 것 같은 한국과학기술원 고등과학원 수학난제연구센터의 연구실에서 특별한 강의가 진행되었습니다. 학생은 숫자가 네 자릿수만 넘어가도 머리가 아픈 이들이었습니다. 김민형 교수는 아주 기본적인 수식의 원리에서부터 노벨 경제학상을 받은 이론 같은 최신 현대 수학의 내용을 강의했습니다. 그것들을 '공부'시키는 것이 아니라, 그 매력에 빠지게 만들었습니다. 불가능에서 가능을 찾는 '애로의 정리'나 세상의 모든 존재를 거시적인 구조로 만드는 '오일러의 수' 같은 것 말입니다.

우리가 이 강의에서 만난 것은 무엇이었을까요? 자연, 사회, 우주, 정보 등 인간을 둘러싸고 있고, 인간이 만들어내고 있는 것들을 탐구하는 방법이었습니다. 답보다 질문을 먼저 찾아내고, 그 속에서 구조와 패턴, 규칙성과 오류를 발견하여 논리를 활용해 문제를 해결해나가는 일련의 '과정', 즉 수학적 사고를 경험했습니다. 이 책을 읽고 나면 독자 여러분도 인간에게 이미 잠재되어 있는 '수학적 사고'라는 그 위대하고 매혹적인 능력을 느끼게 되실 겁니다.

현재 영국에 체류 중인 김민형 교수는 방학 때마다 한국을 방문하여 다양한 사람들을 대상으로 수학을 이야기합니다. 여기에는 초등학생부터 대학원생까지 있지만, 강의에 빠져드는 이들 중에는 오히려 직장인들이 더 많습니다. 대기업 임원도 있고, 엉뚱하게 발레 전공자들도 있습니다. 전혀 수학과 관계없을 것 같은 사람들이 이 강의에 빠져듭니다. 그의 강연은 대부분 자리가 꽉 찰 정도로 인기를 끕니다. 내용이 쉬워서일까요? 그의 강의는 다 '이해할 수' 있습니다. 그렇다고 '쉬운 건' 아닙니다.

꼭 수학이 아니더라도, 우리는 논리적인 사고를 하는 과정에 조금이라도 부하가 걸리면 그걸 건너뛰고 싶어 합니다. 생각을 깊게 해야 할 때 도망치려고 하는 경향이 있습니다. 김민형 교수의 강의는 그 순간을 허용하지 않습니다. 더 천천히 더 쉬운 말로 하는 것 같지만, 더 깊게 끝까지 사고하게 만듭니다. 전공자가 아니라면 아주 쉽게 이해되는 강의는 아니어도, 직관적인 사례와 정교한 논리를 통해 생각의 근육을 단련시키면서 듣는 이로 하여금 수학의 아름다움에 빠져들게 만드는 힘이 있습니다.

우리는 1년여의 강의에서 느낀 이 기쁨을 독자 여러분과 함께 나누고자 책으로 엮었습니다. 이 책은 결코 수학을 쉽게 설명하는 책이 아닙니다. 수학 교육의 주요 과정을 밟아가며 알려주는 책도 아닙니다. 수학을 재미있는 영화 등과 비교하며 재미있게 전달해주는 책은 더더구나 아닙니다. 오로지 순수하게 수학만 이야기하는 책입니다. 수학 자체가 갖고 있는 힘. 그 난해하지만 사람을 끌어당기는 힘을 직관적으로 느끼게 하는 책입니다.

이 책을 읽다가 문득 고개를 들었을 때 우리를 둘러싼 세상이 조금 다르게 보인다면 당신은 분명 수학적 사고에 가까워지고 있는 중일 겁니다. 그 순수한 지적 즐거움을 여러분과 함께 누릴 수 있길 바라며 이 책을 마칩니다.

2018년 7월

인플루엔셜 편집부

| 지은이 **김민형** |

영국 에든버러 국제 수리과학 연구소장 및 에든버러대학교 수리과학 석좌교수이다. 서울대학교 수학과를 졸업했고 예일대학교에서 박사학위를 받았다.

매사추세츠공과대학 연구원, 퍼듀대학교, 유니버시티칼리지런던 교수, 워릭대학교 수학과 및 수학 대중교육 석좌교수를 지냈고 포스텍의 석좌교수, 서울대학교와 이화여자대학교 초빙 석좌교수를 역임했다. 2011년 한국인 수학자로서는 최초로 옥스퍼드대 정교수로 임용되었고, 2012년 호암과학상을 수상했다. 김민형 교수는 '페르마의 마지막 정리'에서 유래된 산술대수 기하학의 고전적인 난제를 위상수학의 혁신적인 방식으로 해결하여 세계적 수학자의 반열에 올랐다. 현 서울고등과학원 석학교수이다.

현재 영국에 체류 중이며, 한국을 오가며 본인의 연구 외에도 학생부터 일반인까지 수학의 세계를 안내하는 작업을 활발하게 하고 있다. 수학 대중화를 위한 '수학콘서트 K.A.O.S'의 메인마스터로 활동했으며, 웅진재단, 네이버 커넥트 재단 등에서 수학영재를 위한 강의 및 멘토링 프로그램을 기획하고 참여했다. 지은 책으로《수학의 수학》,《소수 공상》,《다시, 수학이 필요한 순간》,《삶이라는 우주를 건너는 너에게》,《어서 오세요, 이야기 수학 클럽에》,《수학자들》(공저),《내일 음악이 사라진다면》(공저),〈김민형의 수학 추리 탐험대〉 시리즈(기획) 등이 있다

수학이 필요한 순간

인간은 얼마나 깊게 생각할 수 있는가

초판 1쇄 2018년 8월 3일
초판 46쇄 2024년 12월 2일

지은이 | 김민형
감수 | 김태경

발행인 | 문태진
본부장 | 서금선
편집2팀 | 임은선 김광연 원지연
디자인 | design co*kkiri
일러스트 | 최민정

기획편집팀 | 한성수 임선아 허문선 최지인 이준환 송은하 송현경 이은지
마케팅팀 | 김동준 이재성 문무현 박병국 김윤희 김은지 이지현 조용환 전지혜
디자인팀 | 김현철 손성규 저작권팀 | 정선주
경영지원팀 | 노강희 윤현성 정헌준 조샘 이지연 조희연 김기현
강연팀 | 장진항 조은빛 신유리 김수연 송해인

펴낸곳 | ㈜인플루엔셜
출판신고 | 2012년 5월 18일 제300-2012-1043호
주소 | (06619) 서울특별시 서초구 서초대로 398 BnK디지털타워 11층
전화 | 02)720-1034(기획편집) 02)720-1027(마케팅) 02)720-1042(강연섭외)
팩스 | 02)720-1043 전자우편 | books@influential.co.kr
홈페이지 | www.influential.co.kr

ISBN 979-11-86560-78-5 03400